KB095822

에어 프라이어
저탄수화물 다이어트 레시피

북드림

THE "I LOVE MY AIR FRYER" KETO DIET RECIPE BOOK

에어 프라이어 저탄수화물 다이어트 레시피
지방을 태우는 키토 레시피 166

초판 1쇄 인쇄 2021년 3월 11일
초판 1쇄 발행 2021년 3월 15일

지은이 샘 딜라드 **옮긴이** 이동열 **펴낸이** 이수정 **펴낸곳** 북드림
기획 및 진행 신정진, 진수지, 권수신 **감수 및 사진** 안혜진(바이안)
표지 및 본문 디자인 슬로스 **마케팅** 이운섭

등록 제2020-000127호
주소 서울시 송파구 오금로 58 916호(신천동, 잠실 아이스페이스)
전화 02-463-6613 **팩스** 070-5110-1274
도서 문의 및 출간 제안 suzie30@hanmail.net
ISBN 979-11-972001-9-9 (13590)

에어
프라이어
저탄수화물
다이어트 레시피
샘 딜라드 지음 • 이동열 옮김 • 안혜진(바이안) 감수
지방을 태우는
키토 레시피 166

머리말

I LOVE MY AIR FRYER

에어 프라이어 하나만 있으면 요리 시간이 절약되고 삶의 질이 달라집니다. 무엇보다 에어 프라이어로 가히 요리의 혁명을 경험할 겁니다. 못 하는 요리가 없는 데다 건강 요리까지 가능하니까요.
오븐, 전자레인지, 튀김기, 식품 건조기가 하는 일을 에어 프라이어 하나로 뚝딱 해낼 수 있습니다. 가족을 위한 매일의 건강식도 짧은 시간 안에 에어 프라이어로 완성하세요.
에어 프라이어로 키토제닉 다이어트도 쉽게 할 수 있답니다! 키토제닉 건강식을 정해진 시간에 정해진 양만큼 먹는 게 어려워서 시도조차 하지 못했던 사람이라면 에어 프라이어로 문제를 해결해 보세요. 키토제닉 다이어트를 장기적으로 하려면 쉽고 빠르게 음식을 준비해야 합니다. 에어 프라이어가 있다면 요리가 수월해져 큰 도움이 됩니다.
이 책은 에어 프라이어를 왜 사용해야 하고, 어떻게 사용하면 좋을지 알려줍니다. 특히 키토제닉 다이어트 중이라면 이 책이 큰 도움이 될 거예요.

그럼 지금 시작해 보죠!

샘 딜라드

감수자의 말

편리하고 맛있는 에어 프라이어 요리로 키토에 도전하세요!

이 책의 감수를 의뢰받았을 때 서양 요리들은 식재료나 조리법이 달라서 어렵지 않을까, 우리 입맛에 맞지 않으면 어쩌나 하는 우려를 했어요. 하지만 이 책은 재료의 이질감도 다른 외서에 비해 덜하고 직접 해서 먹어보니 편리함은 기본이고 우리 입맛에도 잘 맞았어요. (단, 베이킹 종류는 조금 단맛이 강해서 우리 입맛에 맞도록 살짝 조정하기도 하였습니다.)

생각보다 채소 요리가 많아 깜짝 놀라기도 했는데요. 보통 사람들이 키토제닉(저탄고지) 다이어트를 한다고 하면 고기만 먹는 것으로 잘못 아는 경우가 많아요. 하지만 키토제닉 다이어트는 양질의 식재료로 만든 영양소가 풍부한 음식을 골고루 섭취하는 식단이랍니다. 채소도 많이 먹지요. 채소 요리라고 하면 삶아 먹거나 생으로 무쳐 먹는 우리나라 조리법과는 달리 구이나 튀김 요리가 많아 색다른 채소 요리를 즐길 수 있어서 좋았어요.

가장 매력적인 것은 에어 프라이어 하나만 있으면 일류 레스토랑에서나 나올 법한 맛있고 감각적인 애피타이저, 스테이크를 비롯한 메인 요리, 디저트, 간식까지 쉽게 만들어 먹을 수 있다는 것이죠.

키토제닉 식단은 고기를 굽거나 찌는 요리가 많은데 가스레인지를 이용했을 때 불 조절을 잘못해 망치거나 기름이 튀면 뒤처리하기가 귀찮아 포기한 경우도 많았을 거예요. 이 책을 활용하면 그런 고민은 이제 끝이죠!

키토제닉 다이어트의 편리한 가이드가 되어줄 거예요.

안혜진(바이안), 《바이안의 심플 키토 테이블》 저자

인스타그램 @by._.ahn

Contents

머리말 • • • 4

감수자의 말 • • • 5

Intro 1. 에어 프라이어의 모든 것 • • • 10

Intro 2. 저탄수화물 키토제닉 다이어트란 • • • 13

Intro 3. 재료 및 도구 살펴보기 • • • 16

Chapter 1
아침 식사
Breakfast

할라피뇨 파퍼 에그 컵 • • • 20

햄 에그 컵 • • • 21

버펄로 에그 컵 • • • 22

베이컨 구이 • • • 22

삶은 달걀 • • • 23

스크램블드에그 • • • 23

호박 머핀 • • • 24

치즈 콜리플라워 해시브라운 • • • 26

바나나 호두 케이크 • • • 27

팬케이크 • • • 29

베이컨 달걀 치즈 말이 • • • 31

돼지고기 포블라노 구이 • • • 33

채소 프리타타 • • • 35

콜리플라워 캐서롤 • • • 36

시나몬 브레드 • • • 39

칼조네 • • • 40

콜리플라워 아보카도 토스트 • • • 43

치즈 미트볼 • • • 44

치즈 달걀 피망 구이 • • • 47

Chapter 2
애피타이저와 간식
Appetizer & Snacks

프로슈토와 아스파라거스 • • • 50

베이컨 할라피뇨 파퍼 • • • 53

마늘 파르메산 치즈 치킨 윙 • • • 55

매콤한 버펄로 치킨 딥 소스 • • • 56

돼지 껍질 과자 토르티야 • • • 57

베이컨 할라피뇨 치즈 브레드 • • • 58

피자 롤 • • • 61

베이컨 치즈버거 맛 딥 소스 • • • 62

모차렐라 치즈 스틱 • • • 64

베이컨 양파 링 • • • 65

미니 파프리카 파퍼 • • • 66

매콤한 시금치 & 방울 양배추 딥 소스 • • • 68

모차렐라 피자 크러스트 • • • 69

치즈 마늘빵 • • • 70

돼지 껍질 과자로 만든 나초 • • • 70

육포 • • • 71

단백질 듬뿍, 바삭 피자 • • • 72

베이컨 브리 • • • 75

훈제 BBQ 아몬드 • • • 76

랜치 드레싱을 넣어 구운 아몬드 • • • 76

모차렐라 치즈 미트볼 • • • 79

Chapter 3
사이드 디시
Side Dishes

구운 브로콜리 • • • 82
마늘 버터 향 가득, 구운 무 • • • 83
버섯 햄버그스테이크 • • • 84
치즈 콜리플라워 볼 • • • 87
바삭한 방울 양배추 구이 • • • 88
애호박 칩 • • • 90
구운 마늘 • • • 91
케일 칩 • • • 92
버펄로 소스 콜리플라워 • • • 92
그린 빈 캐서롤 • • • 93
콜리플라워 구이 • • • 95
아마씨 모닝빵 • • • 96
코코넛 치즈 마늘 비스킷 • • • 97
플랫 브레드 • • • 99
아보카도 튀김 • • • 101
피타 브레드 칩 • • • 102
가지 구이 • • • 103
히카마 튀김 • • • 105
파르메산 치즈 허브 포카치아 • • • 106
채소를 곁들인 히카마 튀김 • • • 107
그린 토마토 튀김 • • • 108
오이 피클 튀김 • • • 109

Chapter 4
닭 요리
Chicken Main Dishes

버펄로 치킨 텐더 • • • 112
데리야키 치킨 윙 • • • 115
레몬 타임 치킨 구이 • • • 116
레몬 후추 시즈닝 닭다리 구이 • • • 117
고수 라임 치킨 구이 • • • 119
닭가슴살 파히타 • • • 120
파르메산 치즈 치킨 구이 • • • 122
치킨 코르동블루 캐서롤 • • • 123
할라피뇨 파퍼 해슬백 치킨 • • • 125
치킨 엔칠라다 • • • 126
치킨 피자 크러스트 • • • 127
블랙큰드 케이준 치킨 텐더 • • • 128
시금치 페타 치즈 닭가슴살 구이 • • • 131
미국 남부풍 닭튀김 • • • 132
아몬드 치킨 구이 • • • 134
버펄로 치킨 치즈 스틱 • • • 134
페퍼로니 치킨 피자 • • • 135
치킨 파히타 • • • 136
치킨 패티 • • • 137
그리스풍 닭볶음 • • • 139
시금치 페타 치즈 치킨 볼 • • • 139
이탈리아풍 치킨 구이 • • • 141

Contents

Chapter 5 소고기 & 돼지고기 요리

Beef & Pork Main Dishes

미니 미트로프 • • • 144

초리조 소고기 햄버그스테이크 • • • 146

바삭한 브라트부르스트 • • • 146

피망 타코 • • • 148

이탈리아풍 피망 파퍼 • • • 149

베이컨 치즈버거 캐서롤 • • • 150

수제 버거 • • • 152

풀드포크 • • • 153

바비큐 폭립 • • • 155

베이컨 핫도그 • • • 155

포크촙 • • • 156

꽃등심 스테이크 • • • 157

소시지 크루아상 핫도그 • • • 159

소고기 브로콜리 볶음 • • • 160

멕시코풍 엠파나다 • • • 162

비프 타코 롤 • • • 163

소고기 안심 스테이크 • • • 164

포크촙 튀김 • • • 165

라자냐 캐서롤 • • • 166

파히타 스테이크 롤 • • • 169

돼지 목살 샐러드 • • • 170

바비큐 대왕 미트볼 • • • 173

Chapter 6 생선 & 해산물 요리

Fish & Seafood Main Dishes

레몬, 마늘 향이 가득한 새우 구이 • • • 176

연어 케이준 • • • 178

블랙큰드 슈림프 • • • 178

포일 연어 구이 • • • 179

코코넛 슈림프 • • • 180

피시 핑거 • • • 182

톡 쏘는 새우 • • • 185

연어 패티 • • • 185

포일 랍스터 구이 • • • 187

붉은 게 다리 구이 • • • 188

매운맛 크랩 딥 소스 • • • 188

크랩 케이크 • • • 189

참치 호박 국수 캐서롤 • • • 191

슈림프 스캠피 • • • 192

참치 핑거 푸드 • • • 193

대구 할라피뇨 콜슬로 타코 • • • 195

아몬드 페스토 연어 스테이크 • • • 196

참깨 참치 스테이크 • • • 198

매콤한 연어 육포 • • • 199

고수, 라임 향이 가득한 연어 스테이크 • • • 200

대구 필렛 스테이크 • • • 203

새우 꼬치구이 • • • 205

Chapter 7
채소 요리
Vegetable Main Dishes

콜리플라워 스테이크 • • • 208
베지테리언 케사디야 • • • 209
치즈 가득 애호박 구이 • • • 211
포토벨로 미니 피자 • • • 212
채소 볶음 • • • 215
치즈 듬뿍 애호박 국수 • • • 217
그리스풍 가지 구이 • • • 219
브로콜리 볶음 • • • 220
레몬 향 가득 콜리플라워 구이 • • • 221
콜리플라워 피자 크러스트 • • • 222
브로콜리 크러스트 피자 • • • 223
마늘 주키니 호박 롤 • • • 225
주키니 호박 콜리플라워 프리터 • • • 227
바비큐 맛 버섯 구이 • • • 228
키슈 페퍼 • • • 229
가지 카프레제 • • • 231
빵 없는 시금치 치즈파이 • • • 231
이탈리아풍 달걀과 채소 구이 • • • 232

Chapter 8
디저트
Desserts

아몬드 버터 쿠키 • • • 236
시나몬 돼지 껍질 과자 • • • 237
피칸 브라우니 • • • 239
미니 치즈 케이크 • • • 240
미니 모카 치즈 케이크 • • • 241
미니 초콜릿 칩 쿠키 • • • 243
프로틴 도넛(먼치킨) • • • 244
치즈 케이크 브라우니 • • • 247
펌프킨 스파이스 피칸 • • • 248
코코넛 머그 케이크 • • • 248
크림치즈를 올린 펌프킨 쿠키 • • • 251
코코넛 플레이크 • • • 252
피넛버터 쿠키 • • • 253
초콜릿 메이플 베이컨 • • • 255
바닐라 파운드케이크 • • • 256
초콜릿 마요네즈 케이크 • • • 258
크림치즈 파이 • • • 259
라즈베리 데니시 • • • 261
캐러멜 몽키 브레드 • • • 262
시나몬 크림 슈 • • • 265

일러 두기

▶ 이 책의 레시피에서 제시하는 재료의 분량은 한 끼 식사량이 아니라 서양식 코스 요리를 기준으로 한 양이어서 한 끼 식사로는 부족할 수 있어요. 배부르게 먹고 싶다면 재료의 양을 늘려 만들거나 다른 요리와 함께 드세요.

▶ 레시피 중 일부 요리는 소스를 첨가하는 것을 기준으로 하여 간이 싱거울 수 있습니다. 소스 없이 요리를 즐기려면 취향에 맞춰 소금 간을 더해주세요.

▶ 이 책의 계량에서 1컵은 240ml를 기준으로 합니다.

▶ 별도의 표시가 없어도 에어프라이어에는 내열성 용기를 사용합니다.

▶ 별도의 표시가 없어도 시판 소스류는 무설탕, 저탄수화물 제품을 사용합니다.

Intro 1.
에어 프라이어의 모든 것

에어 프라이어는 전자레인지처럼 누구나 쉽고 간편하게 이용할 수 있어요. 일단 사용해 보면 왜 진작 써보지 않았을까 후회할지도 모릅니다. 여기에서는 에어 프라이어에 대해 전반적으로 알아볼 거예요. 조리 시간을 아끼고 음식을 더 바삭하게 만드는 방법부터 청소법, 같이 사용하면 좋은 주방 도구도 소개합니다.
가장 먼저 자신이 갖고 있는 에어 프라이어의 작동법을 완벽하게 습득해야 합니다. 현재 다양한 모델이 시중에 나와 있는데 기기마다 조금씩 조작법이 다릅니다. 일단 우리 집 에어 프라이어의 작동법을 잘 이해해야 실수 없이 요리하고 안전하게 사용할 수 있어요. 세척 방법까지 마스터한다면 준비 끝!

에어 프라이어는 왜 인기가 많을까

요새는 에어 프라이어가 없는 집이 없는 것 같죠? 에어 프라이어만 있으면 튀김 요리를 간편하게 할 수 있을뿐더러 기름 섭취량도 줄일 수 있다는 장점도 있어 많은 사람이 좋아하기 때문입니다. 에어 프라이어의 장점을 더 자세히 알아볼까요?

장점	역할
여러 주방용품 대체	에어 프라이어 하나로 오븐, 전자레인지, 튀김기, 식품 건조기까지 대체할 수 있어요. 거의 모든 음식을 완벽하게 만들 수 있죠.
조리 시간 절약	에어 프라이어는 기계 내에서 발생된 뜨거운 열로 조리하기 때문에 음식이 빠르게, 골고루 익어요. 대부분의 에어 프라이어는 200℃까지 온도 조절이 되므로 완벽한 오븐 대용템이죠.
기름 섭취량 감소	에어 프라이어의 가장 큰 인기 비결은 바로 몸에 좋지 않은 기름 섭취량을 크게 줄일 수 있다는 거죠. 다이어트를 진행 중이라면 이 때문에 칼로리 섭취량도 확 낮아지니 더할 나위 없어요. 특히 몸무게가 신경 쓰이는 분들에게 안성맞춤.
쉽고 빠른 세척	설거지가 귀찮고 싫었던 분들이라면 더 환영. 크기가 작을 뿐만 아니라 바스켓 부분만 세척하면 끝이기에 설거지가 아주 간편합니다.

우리 집에 맞는 에어 프라이어 고르기

가장 먼저 고민할 것은 용량과 조절 온도. 에어 프라이어는 리터 단위로 용량을 표시하는데 1리터부터 10리터 혹은 그 이상까지 다양합니다. 가족 단위로 이용한다면 최소 5리터 용량은 되어야 이 책에서 소개하는 닭 요리도 가능해요. 혼자 먹을 히카마 튀김을 만들 때는 소형 에어 프라이어가 오히려 편하지만요. 또 육포를 만들 때처럼 저온으로 긴 시간 요리가 가능한지 확인해야 합니다. 필요에 따라 용량과 조절 온도 등을 고려해 주세요.

에어 프라이어 조작법 숙지하기

연어 요리든, 닭을 통째로 굽든, 초콜릿 케이크를 만들든 에어 프라이어는 버튼 또는 다이얼로 시간, 온도를 설정합니다. 하지만 기기마다 조작법에 차이가 있어서 이 책에서는 조리 시간과 온도만 알려줍니다. 명심하세요, 에어 프라이어 설명서를 미리 숙지해야 요리가 편해집니다. 그리고 에어 프라이어는 오븐과 달리 예열이 필요 없고 단순히 조리 시간을 좀 더 길게 설정하면 됩니다. 이 책도 예열 없이 조리 시간을 제시하는데 예열을 해도 크게 시간이 절약되지 않았기 때문입니다.

에어 프라이어 추가 부품

도구	역할
스테인리스 선반	바스켓 내 공간을 늘려줘요. 두 가지 요리를 동시에 할 때 특히 유용한데 예를 들어 바스켓에는 고기, 선반에는 채소를 요리할 수 있어요.
꼬치용 선반	스테인리스 선반과 비슷한 용도예요. 꼬치를 꽂아서 쉽게 요리할 수 있어요.
래미킨	미니 케이크 혹은 키슈(달걀파이)를 만드는 데 유용해요. 래미킨은 오븐, 에어 프라이어 모두에서 사용 가능합니다.
케이크 전용 팬(틀)	에어 프라이어 전용 케이크 팬도 나오고 있는데, 손잡이가 따로 달려 있어 넣고 빼기가 간편해요.
컵케이크 전용 팬(틀)	7구 베이킹 팬까지 나와서 5리터 에어 프라이어에 딱 들어가요. 이것만 있으면 머핀, 컵케이크, 에그 컵까지 만들 수 있어요. 많이 필요하지 않다면 낱개로 판매하는 실리콘 팬을 구매하세요.
종이 포일	종이로 된 이 시트를 쓰면 요리 후 에어 프라이어 청소가 좀 더 수월해져요. 찜 전용으로 구멍이 뚫려 있는 시트도 유용하죠.
피자 팬	저탄수화물 다이어트 중이라도 다양한 피자를 먹을 수 있어요. 피자 팬만 있다면 모양까지 완벽한 피자를 만들 수 있죠.

에어 프라이어는 기기 내부에서 발생된 열로 요리합니다. 그래서 부품을 추가하면 한 번에 조리할 수 있는 양이 늘어나요.

요리 보조 기구

조리가 끝난 직후의 에어 프라이어는 고온으로 인해 위험할 수 있어요. 안전한 요리를 도와줄 보조 기구들을 소개합니다.

도구	역할
집게	집게는 에어 프라이어에 음식을 넣거나 뺄 때 사용해요. 또 조리 후 팬을 꺼낼 때도 사용할 수 있어요.
오븐용 장갑	반드시 오븐용 장갑을 착용하고 음식 혹은 기구들을 옮겨야 해요. 뜨거운 기계에 손을 데지 않도록 주의하세요.

에어 프라이어 세척 방법

세척 전에 반드시 기계가 식었는지, 전기선이 뽑혀 있는지 확인해 주세요. 에어 프라이어 세척 방법은 다음과 같습니다.

1. 사용한 팬을 꺼낸다. 바스켓과 함께 팬에 뜨거운 물을 담고 세제를 풀어 10분간 불린다.

2. 수세미로 깨끗하게 닦는다.

3. 바스켓을 분리해 아래쪽, 바깥쪽까지 깨끗하게 닦아준다.

4. 에어 프라이어 팬도 깨끗하게 닦는다.

5. 물기를 완전히 제거한 다음 사용한다.

기계 외부는 물티슈 등으로 닦아주세요. 세척과 청소 뒤에는 전기선을 확인하고 요리를 준비하면 됩니다.

Intro 2.
저탄수화물 키토제닉 다이어트란

키토제닉 다이어트는 저탄수화물, 충분한 단백질, 고지방으로 구성된 식단으로 지방을 에너지로 쓰도록 만드는 다이어트 방법을 말해요. 곡물 위주의 식습관과 단맛에 길들여진 현대인들은 아무래도 탄수화물을 많이 먹게 되는데 탄수화물을 많이 섭취하면 혈중 포도당 농도가 높아지고 이것은 비만, 당뇨병, 각종 대사 증후군을 일으키는 원인이 된답니다. 지방을 많이 먹으면 살이 찐다고 생각하지만 실제로는 과잉 탄수화물이 지방으로 바뀌어 지방 세포에 저장되어 살이 찌는 거예요.

피자, 파스타, 빵 등 탄수화물을 섭취하면 우리 몸은 탄수화물을 글루코스로 전환시켜 에너지를 내고 남은 에너지를 지방으로 저장해요. 탄수화물을 절제하면 몸은 축적해 놓은 지방을 태워 에너지로 사용하죠.

살이 찌는 원리를 잘 이해하고 탄수화물부터 줄이면서 키토제닉 식단으로 관리한다면 분명 체중은 줄어들고 혈중 당도 조절, 인슐린 조절, 식욕 조절이 가능해져 건강에도 큰 도움이 될 거예요.

에너지원(영양소) 섭취 비율

우리 몸은 섭취한 음식물을 통해 에너지원을 얻어요. 일반적으로 탄수화물, 단백질, 지방이 여기에 포함되는 영양소인데 키토제닉 다이어트에서는 영양소의 섭취 비율도 매우 중요하지요. 다음은 키토제닉 다이어트를 할 때 권장되는 영양소의 섭취 비율이지만 사람에 따라 대사율도 건강 상태도 다르니 꼭 맞춰야 하는 것은 아니에요. 지방을 태우는 몸으로 바꾸려면 초기에 탄수화물 제한이 무척 중요하고 하루 50g 미만으로 제한하면 빠른 효과를 볼 수 있어요(단, 지병이 있는 경우는 엄격한 탄수화물 제한이 몸에 무리를 줄 수 있으니 주의해야 합니다).

순탄수화물

키토제닉 식단 중이라면 전체 탄수화물 섭취량보다 순탄수화물 섭취량을 체크해야 합니다. 전체 탄수화물 섭취량에서 식이섬유 섭취량을 빼면 순탄수화물 섭취량을 알 수 있어요.

전체 탄수화물 - 식이섬유 = 순탄수화물

당알코올 또한 전체 탄수화물 섭취량에서 빼야 합니다. 당알코올이나 식이섬유를 섭취했을 때 우리 몸의 반응이 다르기 때문이죠. 요리 재료나 음식물 포장지 뒷면에 표기되어 있는 탄수화물 함량에는 당알코올과 식이섬유 함량이 포함되어 있지만 이것들은 우리 몸에 흡수되지 않기 때문에 혈당 수치에 영향을 끼치지 않아요. 그렇기 때문에 순탄수화물의 양만 고려하면 됩니다.

저탄수화물 키토제닉 다이어트를 위한 팁

매일의 식단 관리를 위해 반드시 기억할 것

1. **탄수화물 섭취량 상한선** 하루에 정해 놓은 탄수화물 섭취량 이상 먹지 않기
2. **단백질 섭취의 중요성** 체중 감량 중에도 근육량은 유지하는 것이 다이어트의 핵심. 단백질은 중요한 영양소이므로 충분한 양의 단백질 먹기
3. **키토제닉 식단 유지의 핵심은 지방** 키토제닉 다이어트 중에는 양질의 지방으로 배 채우기. 탄수화물을 줄인 만큼 지방으로 에너지원을 채워줘야 해요. 키토제닉 다이어트는 칼로리 제한 다이어트가 아닙니다. 하지만 처음부터 지방으로 배를 채우려 하지 말고 탄수화물을 줄이는 것부터 시작하세요.

※ 고지방 식단이라고 아무 종류의 지방이나 마구 섭취하면 건강을 해칠 수 있어요. 쿠키, 감자튀김 같은 음식은 정말 해로운데 특히 감자튀김은 탄수화물 함량까지 높아 심장 질환에 좋지 않고 체중 증가로 이어집니다. 육류, 생선, 아보카도 등 가공하지 않은 식품에서 섭취할 수 있는 양질의 지방을 드세요.

저탄수화물 키토제닉 다이어트를 위한 식재료

Intro 3.
재료 및 도구 살펴보기

저탄수화물 키토제닉 식단을 위한 재료 선택 시 주의해야 할 사항이 몇 가지 있어요. 우선 식재료 및 소스 등은 저탄수화물 제품, 무설탕 제품을 선택해야 합니다. 탄수화물을 줄이기 위해서는 양념에 숨은 설탕도 하나하나 신경 써서 골라내는 것이 좋습니다.

에리스리톨

혈당을 올리지 않고 단맛을 내주는 제품이라 키토제닉 식단에서 가장 많이 사용합니다. 입자가 굵은 편이고 설탕만큼 물에 쉽게 녹지 않으므로 베이킹을 할 경우에는 파우더 타입의 에리스리톨을 구입하거나 곱게 갈아서 사용하는 것이 좋아요.

타마리 간장 또는 진간장

타마리 간장은 밀을 넣지 않고 콩으로만 발효시켜 만든 간장으로 탄수화물 함량이 낮아 권장합니다. 하지만 간장에 들어있는 정도의 탄수화물은 허용해도 괜찮으니 콩의 함량이 높은 시판 진간장으로 대체해도 됩니다.

산제이 타마리 글루텐 프리 소이 소스

고춧가루, 카옌 페퍼, 칠리 파우더

카옌 페퍼는 고춧가루의 일종으로 흔히 우리나라에서 쓰는 고춧가루보다 8배 정도의 매운맛을 냅니다. 칠리 파우더는 보통 커민 가루, 마늘, 파프리카, 오레가노, 카옌 페퍼 등의 향신료를 블렌딩한 것으로 칠리(카옌 페퍼)의 함량이 매운맛을 결정합니다. 따라서 칠리 파우더를 고춧가루로 대체하면 풍미가 달라질 수 있습니다.

※ 향신료가 구비되어 있다면 커민 가루 2 : 마늘 가루 2 : 파프리카 가루 1 : 오레가노 가루 1 : 카옌 페퍼 1의 비율로 섞어 칠리 파우더를 직접 만들어 써도 됩니다. (서양 향신료에 익숙하지 않다면 칠리 파우더 대신 고춧가루 3 : 파프리카 가루 1 정도의 비율로 섞어 써보세요.)

돼지 껍질 과자

치차론이라고도 부르는데 돼지 껍질을 그대로 튀겨서 만든 것입니다. 나초 대용으로 먹어도 좋고 잘게 부셔서 튀김옷으로도 사용합니다. 돼지 껍질 과자 튀김옷은 탄수화물 제로의 좋은 식재료랍니다. 요즘은 대형 마트나 온라인 쇼핑몰에서 쉽게 구할 수 있어요. 이때도 설탕이나 MSG로 양념이 된 것은 피하세요.

생크림 등의 유제품

이 책에서 재료로 표기된 생크림은 동물성 지방을 사용한 것입니다. 구입 시 꼭 확인하세요.

모든 소스 및 가공 재료류

요즘은 소스도 저탄수화물, 저당질 제품이 많이 시판되어 온라인에서 쉽게 구할 수 있습니다. (직구로만 구매할 수 있는 재료도 있어요.) 시판 제품을 구입할 때는 탄수화물 함량이 비교적 낮은 제품을 골라서 사용하세요. 별도의 표기가 없어도 모든 소스류는 무설탕, 저탄수화물 제품을 사용해야 해요

유기농 수고 알 바실리코
피자, 파스타 소스

페이스 청키 살사 소스

굿 소스 무가당 BBQ 소스

Wing-Time 버펄로 윙 소스
저탄수화물 식단과 맞지 않는 원재료가 포함되어 있으므로 소량만 사용(탄수화물 함량 1큰술당 2g)

완자샨 오가닉 우스터 소스
우스터 소스는 저탄수화물 식단과 맞지 않는 원재료가 포함되어 있는 제품이 많으므로 유기농 제품 및 글루텐 프리 제품을 사용

프론티어 네추럴
바나나 익스트랙

※ 필요한 재료가 없거나 구하기 힘들 때는 취향대로 다른 재료로 대체해도 좋습니다.

자, 그럼 이제부터 에어 프라이어로 쉽게 만들 수 있는 레시피들을 소개할게요. 여기 있는 음식만 제대로 만들어 먹어도 키토제닉 다이어트가 힘들지 않을 거예요. 또한 어쩔 수 없는 상황 때문에 혹은 예기치 못하게 키토제닉 다이어트 음식을 먹지 못했다고 절망하지는 마세요. 곧 다시 키토제닉 식단으로 돌아오면 됩니다. 한 번 실수했다고 좌절하지 말고 여유를 갖고 천천히 즐기세요. 에어 프라이어도 준비됐고 마음의 준비도 됐다면 이젠 요리 시간이에요. 레시피도 준비 완료!

Chapter

1

아침 식사

Breakfast

매일 아침, 시간에 쫓기며 가족의 식사를 챙기면서 영양까지 고려하기란 쉽지 않죠. 그러다 보니 아침을 거르거나 선식 등으로 때우는 등 대충 식사하게 됩니다. 그러면 맛도 건강도 절대 챙길 수 없어요. 그리고 당연히 점심시간이 오기도 전에 허기가 지죠.

이제부터 소개할 레시피만 있다면 키토제닉 다이어트 중에도 든든한 아침 식사를 할 수 있습니다. 탄수화물을 줄인 맛 좋은 요리로 아침 식탁을 채워보세요. 매일의 아침이 기대될 거예요. 충분한 영양은 물론이고 시간까지 아껴주는 요리! 소시지, 치즈 볼처럼 상상 이상으로 간편한 요리부터 에어 프라이어에 넣기만 하면 금방 완성되는 베이컨까지. 다양한 아침 식사 레시피를 소개합니다. 진작 알았으면 좋았을걸 하고 생각하게 될 거예요.

할라피뇨 파퍼 에그 컵

준비 시간 10분
조리 시간 10분

대표적인 서양 애피타이저를 우리 집 아침 식탁으로! 할라피뇨 피클의 강렬한 맛이 아침 입맛을 돋워줄 거예요. 먹으면서도 또 먹고 싶어지는 맛!

재료 | 2인분

할라피뇨 피클 1/4컵
체더치즈 1/2컵
달걀 4개(큰 것)
크림치즈 55g

※1컵 = 240ml

1 할라피뇨 피클은 다지고 체더치즈는 가늘게 채 썬다.

2 적당한 크기의 볼에 달걀을 풀어주고, 실리콘 머핀 틀 4개에 각각 붓는다.

3 큰 볼에 1의 할라피뇨 피클, 체더치즈와 함께 크림치즈를 담아 전자레인지에서 30초간 데운다. 잘 섞은 뒤 1/4씩 2에 붓는다.

4 3의 머핀 틀을 에어 프라이어에 넣고 온도는 160℃, 시간은 10분으로 설정해 조리한다.

영양분(1인분)

칼로리	지방	단백질	탄수화물	식이섬유
354kcal	25.3g	21.0g	2.3g	0.2g

햄 에그 컵

준비 시간 5분
조리 시간 12분

맛있는 햄까지 넣은 이 요리 하나면 하루의 시작이 달라집니다. 조금 매콤하지만 사워크림이 균형을 잡아주고 풍부한 지방으로 배도 든든히!

재료 | 2인분

델리 햄 4장(30g)
피망 1/4컵
빨간 파프리카 2큰술
양파 2큰술
체더치즈 1/2컵
달걀 4개(큰 것)
사워크림 2큰술

1 델리 햄은 얇게 슬라이스하고 피망, 파프리카, 양파는 잘게 썰고 체더치즈는 가늘게 채 썬다.

2 실리콘 머핀 틀 4개의 바닥에 각각 1의 햄을 깐다.

3 큰 볼에 달걀과 사워크림을 넣고 젓다가 1의 피망, 파프리카, 양파를 넣고 잘 섞는다.

4 2에 3을 붓고 그 위에 1의 체더치즈를 올린다.

5 4를 에어 프라이어에 넣고 온도는 160℃, 시간은 12분으로 설정해 조리한다. 겉면이 갈색빛을 띠면 완성.

영양분(1인분)

칼로리	지방	단백질	탄수화물	식이섬유
38kcal	25.6g	21.0g	6.0g	1.4g

버펄로 에그 컵

준비 시간 15분
조리 시간 12분

단백질을 충분히 섭취할 수 있을 뿐 아니라 맛도 좋은 달걀 메뉴. 매콤한 버펄로 소스가 입맛도 살려줍니다. 하루의 시작, 달걀의 지방과 단백질로 배를 든든히 채우세요.

재료 | 2인분

달걀 4개(큰 것)
크림치즈 55g
버펄로 소스 2큰술
슈레드 체더치즈 1/2컵

1 래미킨 같은 작은 내열 용기(지름 10cm 정도) 2개에 달걀을 2개씩 깨 넣는다.

2 작은 볼에 크림치즈, 버펄로 소스, 체더치즈를 넣고 전자레인지에 20초간 데운 뒤 잘 저어 1 위에 붓는다.

3 2를 에어 프라이어에 넣고 온도는 160℃, 시간은 15분으로 설정해 조리한다.

버펄로 소스

버펄로 소스는 되도록 무설탕 제품을 써야 하므로 포장지의 식품 성분표에서 탄수화물량(당류량)을 꼭 확인해주세요.

영양분(1인분)

칼로리	지방	단백질	탄수화물	식이섬유
354Kcal	22.3g	21.0g	2.3g	0.0g

베이컨 구이

준비 시간 5분
조리 시간 12분

아침 식사의 단골 메뉴 베이컨! 더 이상 기름 튀는 팬 앞에 서 있을 필요가 없답니다. 에어 프라이어만 있으면 단 몇 분 만에 맛있는 베이컨이 완성!

재료 | 4인분

베이컨 8줄

1 베이컨을 에어 프라이어에 넣고 온도는 200℃, 시간은 12분으로 설정해 조리한다.

2 조리 중간에 한 번 뒤집는다.

영양분(1인분)

칼로리	지방	단백질	탄수화물	식이섬유
88kcal	6.2g	5.8g	0.2g	0.0g

삶은 달걀

준비 시간 2분
조리 시간 18분

에어 프라이어로 달걀도 삶을 수 있답니다. 구운 달걀도 아니고 삶은 달걀이라니! 더 이상 냄비에 물을 올리고, 소금을 넣고, 끓기를 기다리고, 시간까지 잴 필요가 없어요.

재료 | 4인분

달걀 4개(큰 것)
물 1컵

1 내열성 그릇(1L)에 달걀을 담고 물을 부은 다음 에어 프라이어에 넣는다.

2 온도는 150℃, 시간은 18분으로 설정해 조리한다. (먹고 남은 달걀은 냉장 보관한다.)

에어 프라이어로 달걀 삶기
더 이상 냄비에 삶을 필요가 없답니다. 에어 프라이어에 물과 함께 달걀을 넣고 기다리기만 하면 끝! 번거로운 작업이 하나도 없어요.

영양분(1인분)

칼로리	지방	단백질	탄수화물	식이섬유
77kcal	4.4g	6.3g	0.6g	0.0g

스크램블드에그

준비 시간 5분
조리 시간 15분

부엌에 들어가기도 싫은 날이 있죠? 이런 날에는 촉촉하고 부드러운 스크램블드에그를 손쉽게 만들어보세요!

재료 | 2인분

달걀 4개(큰 것)
녹인 무염 버터 2큰술
슈레드 체더치즈 1/2컵

1 내열성 용기(500ml)에 달걀을 깨 넣고 휘저은 다음 에어 프라이어에 넣고 온도는 200℃, 시간은 10분으로 설정해 조리한다.

2 5분이 지나면 1을 꺼내 달걀을 저어주고 버터, 체더치즈를 추가한 다음 에어 프라이어에 넣고 3분간 조리한다.

3 2를 꺼내 다시 한 번 저어준 다음 에어 프라이어에 넣고 2분간 더 조리한다. 꺼내서 포크로 휘저은 후 먹는다.

영양분(1인분)

칼로리	지방	단백질	탄수화물	식이섬유
359kcal	27.6g	19.5g	1.1g	0.0g

호박 머핀

준비 시간 5분
조리 시간 12분

호박은 가을이 제철이죠. 이 호박 머핀을 맛보고 나면 호박이란 호박은 죄다 머핀으로 만들고 싶어질 거예요.

재료 | 6인분

고운 아몬드 가루 1컵
에리스리톨 1/2컵
베이킹파우더 1/2작은술
무염 버터 1/4컵(상온)
호박 퓌레 1/4컵
달걀 2개(큰 것)
시나몬 가루 1/2작은술
육두구 가루 1/4작은술
바닐라 익스트랙 1작은술

1 큰 볼에 달걀을 제외한 모든 재료를 넣고 잘 섞는다.

2 1에 달걀을 깨 넣고 천천히 저어 섞는다.

3 2를 6구 머핀 틀에 붓고 에어 프라이어에 넣는다. (원형 에어 프라이어라면 실리콘 머핀 틀 6개를 사용한다.)

4 온도는 150℃, 시간은 15분으로 설정해 조리한다.

5 4를 이쑤시개로 찔러 보아 익은 정도를 확인한다(반죽이 묻어 나오지 않으면 다 익은 것). 식기 전에 먹는다.

영양분(1인분)

칼로리	지방	단백질	탄수화물	식이섬유
205kcal	18.0g	6.3g	5.4g	2.4g

호박 퓌레를 구매할 때!

시판 제품을 살 때는 설탕과 탄수화물의 양에 주의해야 해요. 반드시 첨가물이 없는 100% 호박 퓌레인지 확인하세요.

에리스리톨

에리스리톨은 혈당 수치는 올리지 않으면서 단맛을 내주는 대체 감미료입니다.

치즈 콜리플라워 해시브라운

준비 시간 20분
조리 시간 12분

탄수화물 함량이 높은 감자는 키토제닉 다이어트 중엔 금지! 대신 콜리플라워로 해시브라운을 만들 수 있어요. 콜리플라워는 영양가가 많고 탄수화물 함량은 낮답니다. 에어 프라이어의 도움만 있으면 바삭함은 덤! 치즈까지 곁들이면 환상적인 맛이랍니다.

재료 | 4인분

콜리플라워 1개(340g 정도)
달걀 1개(큰 것)
슈레드 체더치즈 1컵

1. 콜리플라워를 익힌다(전자레인지, 끓는 물 등). 완전히 식힌 뒤 키친타월에 올려 물기를 최대한 제거한다.
2. 1의 콜리플라워를 큰 볼에 넣어 포크로 으깨고 달걀과 체더치즈를 섞는다.
3. 에어 프라이어에 종이 포일(또는 테프론시트)를 깔아둔다. 2를 4등분하여 해시브라운 형태를 만들어 종이 포일 위에 올린다.
4. 온도는 200℃, 시간은 12분으로 설정해 조리한다.
5. 조리 중간에 한 번 뒤집는다. 갈색빛을 띠면 완성. 곧바로 먹는다.

TIP

냉동된 콜리플라워 라이스를 이용하면 보다 손쉽게 콜리플라워 해시브라운을 만들 수 있어요.

테프론시트

베이킹 팬에 깔아 쓰는 열에 강한 재질로 만든 베이킹용 시트. 물에 씻어 여러 번 사용할 수 있어서 경제적이랍니다.

영양분(1인분)

칼로리	지방	단백질	탄수화물	식이섬유
153kcal	9.5g	10.0g	4.7g	1.7g

바나나 호두 케이크

준비 시간 15분
조리 시간 25분

탄수화물 함량이 높은 바나나는 피해야 할 음식이죠. 하지만 바나나 익스트랙을 이용하면 바나나 맛 호두 케이크를 마음껏 즐길 수 있답니다. 호두 대신 다른 견과를 사용해도 좋습니다.

재료 | 6인분

녹인 무염 버터 1/4컵
바나나 익스트랙 2 1/2작은술
바닐라 익스트랙 1작은술
사워크림 1/4컵, **달걀** 2개(큰 것)
다진 호두 1/4컵

가루류 재료

고운 아몬드 가루 1컵
에리스리톨 파우더 1/4컵
아마씨 가루 2큰술
베이킹파우더 2작은술
시나몬 가루 1/2작은술

1 큰 볼에 가루류 재료를 모두 넣고 잘 섞는다.

2 1에 버터, 바나나 익스트랙, 바닐라 익스트랙, 사워크림을 추가해 잘 섞는다.

3 2에 달걀을 깨 넣고 완전히 섞일 때까지 젓는다. 호두를 섞는다.

4 원형 팬(1호)에 3을 붓고 에어 프라이어에 넣는다.

5 온도는 150℃, 시간은 25분으로 설정해 조리한다.

6 케이크 겉면이 금빛을 띠면 완성(이쑤시개로 찔러보아 반죽이 묻어 나오지 않으면 다 익은 것). 완전히 식힌 뒤 팬에서 꺼낸다.

영양분(1인분)

칼로리	지방	단백질	탄수화물	식이섬유
263kcal	23.6g	7.6g	18.4g	3.1g

진짜 바나나를 넣지 않는 이유

보통 크기의 바나나에는 순탄수화물이 무려 24g 포함되어 있습니다. 키토제닉 다이어트를 하는 분들의 하루 섭취량보다 많죠. 바나나 익스트랙을 사용하면 바나나 맛을 내면서 탄수화물 섭취를 줄일 수 있답니다.

SMUCKER'S
GOOD MORNING

팬케이크

준비 시간 10분
조리 시간 7분

아침 식사로 딱 좋은 폭신폭신한 팬케이크. 쉬운 레시피에 놀라고, 훌륭한 맛에 한 번 더 놀랄 거예요. 저탄수화물 무설탕 초콜릿 칩을 추가하거나 저탄수화물 시럽이나 휘핑크림, 베리류(딸기, 블랙베리 등)도 곁들여보세요.

재료 | 4인분

고운 아몬드 가루 1/2컵
에리스리톨 파우더 1/6컵
베이킹파우더 1/2작은술
무염 버터 2큰술(상온)
달걀 1개(큰 것)
젤라틴 1/2작은술
바닐라 익스트랙 1/2작은술
시나몬 가루 1/2작은술

1. 큰 볼에 아몬드 가루, 에리스리톨 파우더, 베이킹파우더를 넣고 섞는다.
2. 1에 버터, 달걀, 젤라틴, 바닐라 익스트랙, 시나몬 가루를 추가하여 반죽한다.
3. 2를 원형 팬(1호)에 붓고 에어 프라이어에 넣는다.
4. 온도는 150℃, 시간은 7분으로 설정해 조리한다(이쑤시개를 이용해 익은 정도를 확인한다).
5. 4가 다 익으면 꺼내서 4등분하여 하나씩 담아낸다.

TIP
원형 팬 1호는 가장 많이 쓰이는 베이킹 팬으로 지름 15cm 크기입니다.

영양분(1인분)

칼로리	지방	단백질	탄수화물	식이섬유
153kcal	13.4g	5.4g	12.6g	1.7g

베이컨 달걀 치즈 말이

준비 시간 15분
조리 시간 15분

재료를 감싸서 먹는 것이 부리토, 타코와 비슷하죠? 하지만 여기서는 탄수화물 가득한 빵을 베이컨이 대신한답니다. 바삭하게 구워진 베이컨으로 만든 부리토라니, 기대되죠? 맛있게 드세요!

재료 | 4인분

양파 1/4컵
초록 피망 1/2개
슈레드 체더치즈 1컵
무염 버터 2큰술
달걀 6개(큰 것)
베이컨 12줄
살사 소스 1/2컵(찍어 먹을 용도)

취향대로 만들기

달걀에 다른 재료도 넣어서 취향대로 즐겨보세요. 단, 양파나 버섯, 시금치 등 탄수화물 함량이 적은 재료를 사용해야 해요. 소시지나 베이컨을 추가하면 더욱 든든한 한 끼 식사가 된답니다.

부리토

옥수수로 만든 얇은 빵에 소고기나 닭고기, 콩, 밥 등을 얹어 감싸고 소스를 발라서 먹는 멕시코 음식이에요.

살사 소스

다진 소고기, 토마토, 양파, 할라피뇨, 향신료 등을 넣어 만든 매콤한 소스로 부리토 등 주로 멕시코 음식을 먹을 때 곁들여요. (시판 파스타 또는 피자 소스에 마늘, 양파, 할라피뇨를 추가하면 살사 소스를 쉽게 만들 수 있어요.)

1. 양파와 피망은 잘게 썬다.
2. 적당한 크기의 팬을 중간 불에 올리고 버터를 넣어 녹인다. 여기에 1을 넣고 투명해질 때까지 볶는다(약 3분).
3. 작은 볼에 달걀을 푼 다음 2에 붓고 달걀이 부드럽게 익을 때까지 볶아준다(약 5분). 불을 끄고 팬을 한쪽으로 옮겨둔다.
4. 도마에 베이컨 3줄을 1/4씩 겹치게 나란히 늘어놓는다. 이 위에 3을 1/4컵씩 올리고 체더치즈를 1/4컵씩 뿌린 다음 베이컨을 만다. (끝부분은 이쑤시개로 고정한다.)
5. 4번 과정을 4회 반복한 뒤 종이 포일을 깐 에어 프라이어에 넣는다.
6. 온도는 170℃, 시간은 15분으로 설정해 조리한다. 중간에 한 번 뒤집는다.
7. 베이컨이 갈색빛을 띠고 바삭해지면 완성. 살사 소스와 곁들여 먹는다.

영양분(1인분)

칼로리	지방	단백질	탄수화물	식이섬유
460kcal	31.7g	28.2g	6.1g	0.8g

돼지고기 포블라노 구이

준비 시간 15분
조리 시간 15분

색다른 아침 식사가 당긴다면? 살짝 매콤한 멕시코 고추인 포블라노를 이용해 만든 요리로 아침 입맛을 돋우세요. 새로운 요리에 도전해 봐요.

재료 | 4인분

돼지고기 반죽 230g
달걀 4개(큰 것)
크림치즈 115g(상온)
깍둑썰기 한 그린 칠리 토마토 통조림 1/4컵
포블라노(또는 초록 피망) 4개(큰 것)
페퍼잭 치즈 8큰술
사워크림 1/2컵

포블라노

별로 맵지 않은 멕시코 고추로 멕시코 요리에 많이 사용합니다. 피망으로 대체해도 잘 어울려요.

돼지고기 반죽 만들기

간 돼지고기 220g, 다진 양파 1큰술, 갈릭 파우더 약간, 소금·후춧가루를 넣고 가볍게 섞은 다음 반죽을 만드세요. 이 반죽은 햄버거용 패티로도 사용할 수 있어요.

1 적당한 크기의 팬에 돼지고기 반죽을 납작하게 만들어 올린 뒤 중간 불에서 익힌다. 다 익힌 고기는 큰 볼에 옮겨둔다.

2 1의 팬을 닦아낸 다음 달걀을 풀어 넣고 스크램블드에그를 만든다.

3 1의 볼에 크림치즈를 넣어 섞는다. 여기에 물기를 제거한 그린 칠리 토마토 통조림과 2를 추가하여 섞는다.

4 포블라노 윗부분을 잘라내고 속을 비운다. 그 안에 3을 가득 채우고 페퍼잭 치즈를 가늘게 채 썰어 2큰술씩 올려준다.

5 4를 에어 프라이어에 넣고 온도는 170℃, 시간은 15분으로 설정해 조리한다.

6 치즈가 갈색빛을 띠면 완성. 사워크림을 올려 먹는다.

영양분(1인분)

칼로리	지방	단백질	탄수화물	식이섬유
489kcal	35.6g	22.8g	12.6g	3.8g

채소 프리타타

준비 시간 15분
조리 시간 12분

프리타타는 이탈리아식 채소 오믈렛으로 영양가도 높아 아침에 먹으면 하루 종일 힘이 넘치는 건강식이랍니다. 주재료가 채소라도 너무 많이 먹으면 탄수화물 섭취량이 늘어나니 주의하세요.

재료 I 4인분

브로콜리 1/2컵
양파 1/4컵
초록 피망 1/4컵
달걀 6개(큰 것)
휘핑크림 1/4컵
소금·후춧가루 약간씩

1 브로콜리, 양파, 피망은 잘게 썬다.

2 큰 볼에 달걀, 휘핑크림을 넣고 젓다가 1을 추가하여 잘 섞은 후 소금과 후춧가루로 간한다.

3 2를 오븐 사용이 가능한 원형 용기(지름 15cm 정도)에 붓고 그릇째 에어 프라이어에 넣는다.

4 온도는 175℃, 시간은 12분으로 설정해 조리한다.

영양분(1인분)

칼로리	지방	단백질	탄수화물	식이섬유
168kcal	11.8g	10.2g	2.5g	0.6g

프리타타

'튀기다'라는 뜻의 이탈리아어 'fritta'에서 유래한 이름으로 달걀에 갖은 재료를 첨가해 튀기듯 조리하여 만든 이탈리아식 오믈렛이에요.

콜리플라워 캐서롤

준비 시간 15분
조리 시간 20분

캐서롤은 주로 저녁에 즐기는 메뉴이지만, 아침에 먹어도 좋답니다. 바쁜 출근길에 배를 든든하게 해줄 아침 식사! 감자 대신 콜리플라워를 넣어 더 맛있어진 레시피 덕에 아침에 눈뜨는 게 기다려질 거예요.

재료 | 4인분

아보카도 1개
파 2대
베이컨 12줄
달걀 6개(큰 것)
휘핑크림 1/4컵
다진 콜리플라워 1 1/2컵
슈레드 체더치즈 1컵
사워크림 8큰술

캐서롤

원래는 오븐에서 조리한 채로 식탁에 내놓을 수 있는 서양식 냄비를 일컫는 말이었는데, 지금은 이 냄비를 사용해 만든 요리를 부르는 이름이 되었어요.

1 아보카도는 씨와 껍질을 제거해 반달 모양으로 슬라이스하고 파는 어슷하게 썬다.

2 베이컨은 바짝 구워서 바스러뜨려 놓는다.

3 보통 크기의 볼에 달걀, 휘핑크림을 넣고 잘 풀어서 캐서롤(내열성 용기 1L)에 붓는다.

4 3에 콜리플라워를 섞고 그 위에 체더치즈를 올린 다음 에어 프라이어에 넣는다.

5 온도는 160℃, 시간은 20분으로 설정해 조리한다. 겉면이 갈색빛을 띠면 꺼낸다.

6 5를 접시에 덜어 1의 아보카도를 올리고 그 위에 사워크림 2큰술, 1의 파, 2의베이컨을 올린다.

영양분(1인분)

칼로리	지방	단백질	탄수화물	식이섬유
512kcal	38.3g	27.1g	7.5g	3.2g

시나몬 브레드

준비 시간 10분
조리 시간 7분

아침 식사로 달콤하고 부드러운 시나몬 브레드는 어떤가요? 아침을 더욱 풍성하게 시작할 수 있답니다.

재료 | 4인분, 1인분 2개

슈레드 모차렐라 치즈 1컵
크림치즈 30g
고운 아몬드 가루 1/3컵
베이킹 소다 1/2작은술
에리스리톨 1/2컵
바닐라 익스트랙 1작은술
달걀 1개(큰 것)
녹인 무염 버터 2큰술
시나몬 가루 1/2작은술
에리스리톨 파우더 3큰술
아몬드 밀크 2작은술

TIP

아몬드 밀크는 설탕이 들어 있지 않은 것을 골라야 해요. '아몬드 브리즈 언스위트'를 추천해요.

1 전자레인지용 용기에 모차렐라 치즈와 크림치즈를 작은 덩어리로 나눠 넣고 전자레인지에서 45초간 데운다.

2 1에 아몬드 가루, 베이킹 소다, 에리스리톨 1/4컵, 바닐라 익스트랙을 넣고 젓는다. 이걸로 도우를 만드는데 중간에 너무 굳었다 싶으면 전자레인지에서 15초간 데워준다.

3 2에 달걀을 넣고 도우를 반죽한다.

4 3의 반죽을 가로 20cm, 세로 15cm 넓이로 얇게 편 다음 8조각으로 잘라 종이 포일 위에 올린다.

5 작은 볼에 버터, 시나몬 가루, 남은 에리스리톨을 섞는다. 이 중 반만 덜어서 4 위에 바른 다음 에어 프라이어에 넣는다.

6 온도는 200℃, 시간은 7분으로 설정해 조리한다.

7 중간에 한 번 뒤집어 남은 5를 바르고 마저 굽는다.

8 작은 볼에 에리스리톨 파우더와 아몬드 밀크를 섞어 7의 겉면에 코팅하듯 바른 다음 식기 전에 먹는다.

영양분(1인분)

칼로리	지방	단백질	탄수화물	식이섬유
233kcal	19.0g	10.3g	40.2g	1.2g

칼조네

준비 시간 15분
조리 시간 15분

소를 든든히 채워 넣어 아침으로 먹기 딱 좋은 칼조네! 소 재료는 집에 있는 걸로 바꿔도 괜찮아요. 남은 건 냉동 보관했다가 에어 프라이어에 다시 구워 먹어도 맛있답니다. 작게 만두처럼 만들어도 먹기 좋아요.

재료 | 4인분

슈레드 모차렐라 치즈 1 1/2컵
고운 아몬드 가루 1/2컵
크림치즈 30g
달걀 1개(큰 것)
달걀 4개(큰 것, 스크램블드에그용)
돼지고기 반죽 230g
슈레드 체더치즈 8큰술

칼조네

반죽 사이에 고기, 치즈, 채소 등의 소를 넣고 만두처럼 만들어 구운 이탈리아 요리예요.

돼지고기 반죽 만들기

다진 돼지고기 220g, 다진 양파 1큰술, 갈릭 파우더 약간, 소금·후춧가루를 넣고 가볍게 섞어 주세요.

1 전자레인지용 용기에 모차렐라 치즈, 아몬드 가루, 크림치즈를 넣고 전자레인지에 1분간 데운 후 부드러운 덩어리가 생길 때까지 젓는다. 달걀을 추가해 반죽하여 도우를 만든 다음 2개로 나눠 동그랗게 뭉친다.

2 종이 포일을 깔고 1의 반죽 중 하나를 올린 뒤 종이 포일로 덮고 밀대로 밀어 0.5cm 두께로 펴준다.

3 달걀 4개를 스크림블드에그로 만들고 돼지고기 반죽을 중간 불에서 익힌다.

4 큰 볼에 3의 스크램블드에그, 익힌 돼지고기 반죽을 넣고 섞어 소를 만든다.

5 2의 절반에만 4의 소 1/2을 올리고 그 위로 체더치즈를 4큰술 올린다.

6 5의 반대쪽을 접어서 소를 완전히 덮어준다. 만두를 빚듯 반죽 끝에 살짝 물을 묻혀 붙이거나 물을 묻힌 포크로 가장자리를 눌러 모양을 잡아준다.

7 2~6번 과정을 반복해 1개 더 만든다.

8 종이 포일을 깐 에어 프라이어에 하나를 올려 온도는 190℃, 시간은 15분으로 설정해 조리한다. 중간에 한 번 뒤집어 마저 굽는다. 칼조네가 금빛을 띠면 완성.

9 8을 반복하여 하나 더 구운 다음 반씩 잘라서 접시에 담아 낸다.

영양분(1인분)

칼로리	지방	단백질	탄수화물	식이섬유
560kcal	41.7g	34.5g	5.7g	1.5g

Green Cerignola
Olives
양파 등 냉장고에 있는 자투리 채소를
다져 소를 만들어 넣어도 맛있어요.

콜리플라워 아보카도 토스트

준비 시간 15분
조리 시간 8분

요새 많은 사람이 즐겨 먹는 아보카도, 아보카도를 이용한 오늘의 레시피에 도전해 보세요. 맛은 물론이고 영양가 넘치는 아침 식사로 배를 채우세요. 하루의 시작이 다를 거예요!

재료 | 2인분

콜리플라워 340g
달걀 1개(큰 것)
슈레드 모차렐라 치즈 1/2컵
잘 익은 아보카도 1개
마늘 가루 1/2작은술
후춧가루 1/4작은술

TIP

바스켓형 에어 프라이어를 사용한다면 3번 과정에서 바스켓 크기에 맞게 종이 포일을 잘라줘야 해요.

1 콜리플라워를 익힌 다음(전자레인지, 끓는 물 등) 키친타월로 물기를 제거하고 잘게 다진다.

2 큰 볼에 1과 달걀, 모차렐라 치즈를 넣고 섞는다.

3 종이 포일을 깔고 2를 두 덩이로 나눠 올린 다음 0.5cm 두께로 납작하게 눌러준다.

4 3을 종이 포일째 에어 프라이어에 넣고 온도는 200℃, 시간은 8분으로 설정해 조리한다. 조리 중간에 한 번 뒤집는다.

5 조리가 끝나면 5분간 식혀준다.

6 아보카도는 반으로 잘라서 씨를 제거한 뒤 볼에 넣고 마늘 가루, 후춧가루를 추가해 으깬다.

7 5의 콜리플라워 토스트 위에 6을 펴 바른 다음 먹는다.

영양분(1인분)

칼로리	지방	단백질	탄수화물	식이섬유
278kcal	15.6g	14.1g	15.9g	8.2g

치즈 미트볼

준비 시간 10분
조리 시간 12분

풍미 가득, 단백질 듬뿍인 치즈 미트볼을 만들어 시간은 절약하면서 맛있는 아침 식사를 하세요. 냉동 보관했다가 에어 프라이어로 익혀 먹으면 든든한 아침 식사가 됩니다.

재료 | 4인분

간 돼지고기 450g
슈레드 체더치즈 1/2컵
크림치즈 30g(상온)
달걀 1개(큰 것)
파슬리 장식용으로 쓸 것 약간

미리 많이 만들어두세요!
치즈 미트볼은 한꺼번에 많이 만들어서 냉동 보관했다 먹어도 좋아요.

1 큰 볼에 모든 재료를 넣고 섞어 반죽한다. 반죽을 16개로 나눠 동그랗게 빚어 미트볼을 만든다.

2 1을 에어 프라이어에 넣고 온도는 200℃, 시간은 12분으로 설정해 조리한다.

3 골고루 익도록 조리 중간에 2~3회 미트볼을 굴려준다. 겉면이 갈색빛을 띠면 완성.

4 파슬리를 다져서 위에 뿌리고 식기 전에 먹는다.

영양분(1인분)

칼로리	지방	단백질	탄수화물	식이섬유
424Kcal	32.2g	22.8g	1.6g	0.0g

치즈 달걀 피망 구이

준비 시간 10분
조리 시간 15분

피망은 비타민 A, C가 풍부해서 면역력 강화에 좋다고 합니다. 단백질이 풍부한 햄, 단맛을 더해 주는 양파와 함께 드셔보세요! 건강도 챙기고 맛있는 아침 식사를 즐기세요.

재료 | 4인분

초록 피망 4개
햄 85g
다진 양파 1/4개
달걀 8개(큰 것)
체더치즈 1컵

1 햄은 익혀서 잘게 썰고 피망은 윗부분을 자르고 속을 파낸다.

2 각각의 피망 속에 1의 햄과 양파를 채운다.

3 2에 달걀을 2개씩 깨서 넣고 그 위에 체더치즈를 얹는다.

4 3을 에어 프라이어에 넣고 온도는 200℃, 시간은 15분으로 설정해 조리한다.

5 피망은 부드러워지고 달걀이 완전히 익으면 완성. 바로 먹는다.

영양분(1인분)

칼로리	지방	단백질	탄수화물	식이섬유
314Kcal	18.6g	24.9g	6.3g	1.7g

Chapter

2

애피타이저와 간식

Appetizer & Snacks

주요리보다 애피타이저나 간식이 더 먹고 싶을 때가 있죠? 지금도 당장 먹고 싶은 애피타이저나 간식이 하나씩은 떠오를 거예요. 키토제닉 다이어트 중이라고 먹는 즐거움을 포기할 이유는 없답니다. 베이컨 할라피뇨 파퍼, 치즈 마늘빵 등 듣기만 해도 군침이 도는 간식으로 식단을 풍요롭게 하세요! 여기에서 소개하는 레시피는 모두 살 안 찌는 키토제닉 다이어트 메뉴랍니다.

프로슈토와 아스파라거스

준비 시간 10분
조리 시간 10분

프로슈토는 이탈리아 버전의 얇고 짜지 않은 베이컨이랍니다. 아스파라거스의 쓴맛은 잡아주면서도 입맛을 돋울 애피타이저를 만들어보세요.

재료 | 4인분

아스파라거스 450g
프로슈토 12장(1장에 대략 15g)
녹인 코코넛오일 1큰술
레몬즙 1작은술
고춧가루 1/8작은술
파르메산 치즈 가루 1/3컵
녹인 가염 버터 2큰술

1 프로슈토에 아스파라거스를 올리고 코코넛오일, 레몬즙을 뿌린 다음 고춧가루, 파르메산 치즈 가루를 뿌린다.

2 아스파라거스를 프로슈토로 돌돌 말아 감싼 다음 에어 프라이어에 넣는다.

3 온도는 190℃, 시간은 10분으로 설정해 조리한다.

4 3에 버터를 뿌려 먹는다.

영양분(1인분)

칼로리	지방	단백질	탄수화물	식이섬유
263Kcal	20.2g	13.9g	6.7g	2.4g

베이컨 할라피뇨 파퍼

준비 시간 15분
조리 시간 12분

할라피뇨 파퍼에는 빵가루를 묻히는 것이 정석이지만 우리는 그보다 맛있는 요리를 만들 거예요. 매콤하면서 탄수화물 함량까지 낮춘 요리! 친구들에게 대접하면 비법을 알려달라고 매달린답니다.

재료 | 4인분

할라피뇨 6개(10cm 정도 길이)
크림치즈 90g
슈레드 체더치즈 1/3컵
마늘 가루 1/4작은술
베이컨 12줄

1 할라피뇨는 윗부분을 잘라내고 반을 가른 다음 속을 파낸다.

2 큰 볼에 크림치즈, 체더치즈, 마늘 가루를 넣고 전자레인지에 30초간 데운 뒤 잘 저어 1에 넣는다.

3 2를 베이컨으로 감싸고 에어 프라이어에 넣는다.

4 온도는 200℃, 시간은 12분으로 설정해 조리한다.

5 조리 중간에 한 번 뒤집어 마저 조리한다.

할라피뇨 손질 팁

할라피뇨를 손질할 때는 꼭 장갑을 착용하세요. 맨손으로 손질하면 할라피뇨에서 나오는 매운 캡사이신에 화상을 입을 수 있습니다. 꼭 위생장갑이나 피부를 보호할 장비를 사용하세요. 이미 손에 묻은 경우에는 레몬즙을 뿌리세요.

영양분(1인분)

칼로리	지방	단백질	탄수화물	식이섬유
246Kcal	17.9g	14.4g	2.6g	0.6g

마늘 파르메산 치즈 치킨 윙

준비 시간 5분
조리 시간 25분

버터 듬뿍, 치즈 가득 치킨 윙은 손님 대접에도 좋은 음식이죠. 소풍을 가거나 지인들과 파티를 할 때 먹으면 든든하죠. 인기도 만점!

재료 | 4인분

닭날개 900g
핑크 히말라야 소금 1작은술
마늘 가루 1/2작은술
베이킹파우더 1큰술
녹인 무염 버터 4큰술
파르메산 치즈 가루 1/3컵
말린 파슬리 1/4작은술

1 큰 볼에 닭날개, 소금, 마늘 가루, 베이킹파우더 넣고 잘 버무려 준다. 그대로 에어 프라이어에 넣는다.

2 온도는 200℃, 시간은 25분으로 설정해 조리한다.

3 중간중간 2~3회 뒤집어 가며 조리한다.

4 작은 볼에 버터, 파르메산 치즈 가루, 파슬리를 넣고 섞는다.

5 3의 다 익은 닭날개를 큰 볼에 옮겨 담고 그 위에 4를 부은 뒤 양념이 잘 배도록 버무린다. 식기 전에 먹는다.

영양분(1인분)

칼로리	지방	단백질	탄수화물	식이섬유
565Kcal	42.1g	41.8g	2.2g	0.1g

매콤한 버펄로 치킨 딥 소스

준비 시간 10분
조리 시간 10분

간단한 재료, 쉬운 레시피로 부드럽고 매콤한 닭고기 딥 소스를 만들어보세요. 나눠 먹기도 좋으니 피크닉에 가져가면 안성맞춤! 나초 대신 셀러리를 찍어 먹어도 맛있답니다.

재료 | 4인분

익혀서 잘게 썬 닭가슴살 1컵
크림치즈 230g(상온)
버펄로 소스 1/2컵
랜치 드레싱 1/3컵
다진 할라피뇨 피클 1/3컵
슈레드 체더치즈 1 1/2컵
파 2줄기(어슷썰기)

1 큰 볼에 닭가슴살, 크림치즈, 버펄로 소스, 랜치 드레싱을 넣고 섞는다.

2 1이 부드러워지면 할라피뇨 피클, 체더치즈 1컵을 넣는다.

3 2를 내열성 그릇(1L)에 붓고 남은 체더치즈를 얹은 다음 에어 프라이어에 넣는다.

4 온도는 170℃, 시간은 10분으로 설정해 조리한다.

5 겉면이 갈색을 띠면 완성. 파를 얹어 식기 전에 먹는다.

랜치 드레싱 만들기

집에 허브 재료가 있다면 직접 만들어 보세요. 다음의 모든 재료를 한데 담아 숟가락으로 휘저어 잘 섞어주세요.

재료 마요네즈 100g, 사워크림 50g, 말린 차이브 1/4작은술, 말린 딜 1/4작은술, 말린 파슬리 1/4작은술, 마늘가루 1/8작은술, 양파 가루 1/8작은술, 소금 1/16작은술, 후춧가루 1/16작은술, 레몬즙 약간

출처 : 《진주의 해피 키토 키친》

영양분(1인분)

칼로리	지방	단백질	탄수화물	식이섬유
472Kcal	32.0g	25.6g	9.1g	0.6g

돼지 껍질 과자 토르티야

준비 시간 10분
조리 시간 5분

저탄수화물 식단에 제격인 돼지 껍질 과자로 만든 토르티야! 시중에서도 저탄수화물 토르티야를 팔지만 집에서도 아주 쉽게 만들 수 있어요. 직접 준비해 타코, 부리토까지 즐기세요.

재료 | 4인분, 1인분 1개

돼지 껍질 과자 30g
슈레드 모차렐라 치즈 3/4컵
크림치즈 2큰술
달걀 1개(큰 것)

1 돼지 껍질 과자를 곱게 간다.

2 큰 볼에 모차렐라 치즈, 크림치즈를 넣고 전자레인지에 30초간 돌려 완전히 녹을 때까지 데운다. 여기에 1과 달걀을 넣고 덩어리가 질 때까지 잘 섞는다.

3 2가 딱딱하게 굳으면 전자레인지에서 10초간 데운다.

4 3의 반죽을 4등분 하고 종이 포일 위에 올려 0.5cm 두께로 각각 편다.

5 4를 서로 겹치지 않게 에어 프라이어에 넣는다.

6 온도는 200℃, 시간은 5분으로 설정해 조리한다.

7 바삭하게 익으면 완성. 곧바로 먹는다.

토르티야

옥수수로 만든 멕시코의 얇은 빵을 토르티야라고 하는데 이제는 토르티야에 싸 먹는 음식을 통칭하기도 해요.

영양분(1인분)

칼로리	지방	단백질	탄수화물	식이섬유
145Kcal	10.0g	10.7g	0.8g	0.0g

베이컨 할라피뇨 치즈 브레드

준비 시간 10분
조리 시간 15분

재료 | 4인분, 1인분 2조각

슈레드 모차렐라 치즈 2컵
파르메산 치즈 가루 1/4컵
다진 할라피뇨 피클 1/4컵
달걀 2개(큰 것)
잘게 썬 베이컨 4줄

다이어트 중인데 야식이 먹고 싶다고요? 에어 프라이어만 있으면 이상 무!

1 큰 볼에 모든 재료를 넣고 섞는다.

2 손에 물을 약간 묻히고 1을 동글납작하게 빚는다.

3 에어 프라이어에 크기에 맞게 종이 포일을 잘라 깔고 2를 얹은 다음 에어 프라이어에 넣는다.

4 온도는 160℃, 시간은 15분으로 설정해 조리한다.

5 5분 남았을 때 한 번 뒤집는다.

6 겉면이 금빛을 띠면 완성. 식기 전에 먹는다.

영양분(1인분)

칼로리	지방	단백질	탄수화물	식이섬유
273Kcal	18.1g	20.1g	2.3g	0.1g

피자 롤

준비 시간 15분
조리 시간 10분

좋아하는 재료로 토핑해 보세요!

재료 | 8인분, 1인분 3조각

슈레드 모차렐라 치즈 2컵
아몬드 가루 1/2컵
달걀 2개(큰 것)
페퍼로니 72장
모차렐라 치즈 스틱 8개
녹인 무염 버터 2큰술
마늘 가루 1/4작은술
말린 파슬리 1/2작은술
파르메산 치즈 가루 2큰술

1 큰 볼에 모차렐라 치즈, 아몬드 가루를 넣고 전자레인지에 1분간 돌린다. 볼에서 꺼내서 도우가 되도록 반죽한다. (도우가 굳으면 30초 더 데운다.)

2 1에 달걀을 추가한다. (이때 손에 물을 약간 묻히고 반죽한다.)

3 종이 포일을 깔고 2를 그 위에 올려 0.5cm 두께로 넓게 펴준다.

4 3을 24조각의 직사각형 모양으로 자르고 한 조각당 페퍼로니 3장, 모차렐라 치즈 스틱 1/3개씩을 올린다.

5 4를 반으로 접고 토핑이 흐르지 않게 피자 롤 모양을 잡는다. 에어 프라이어에 종이 포일을 깔고 피자 롤을 넣는다.

6 온도는 170℃, 시간은 10분으로 설정해 조리한다.

7 조리 중간에 뒤집는다. 겉면이 금빛을 띠면 완성.

8 작은 볼에 버터, 마늘 가루, 파슬리를 섞어서 7에 바른 뒤 마지막으로 파르메산 치즈 가루를 뿌린다. 식기 전에 먹는다.

영양분(1인분)

칼로리	지방	단백질	탄수화물	식이섬유
333Kcal	24.0g	20.7g	3.3g	0.8g

베이컨 치즈버거 맛 딥 소스

준비 시간 20분
조리 시간 10분

아이들도 푹 빠질 맛! 고소한 치즈에 부드러운 육즙이 흐르는 딥 소스랍니다. 돼지 껍질 과자와 먹어도 좋고, 로메인 상추에 올려서 먹어도 좋아요.

재료 | 6인분

크림치즈 230g
마요네즈 1/4컵
사워크림 1/4컵
다진 양파 1/4컵
마늘 가루 1작은술
우스터 소스 1큰술
슈레드 체더치즈 1 1/4컵
다진 소고기 220g
잘게 썬 베이컨 6줄
다진 미니 오이 피클 2개

1 큰 볼에 크림치즈를 넣고 전자레인지에 45초간 데운다.

2 1에 마요네즈, 사워크림, 양파, 마늘 가루, 우스터 소스, 체더치즈 1컵을 넣고 젓는다. 여기에 소고기와 베이컨을 추가하여 섞는다.

3 지름 15cm 정도의 내열성 그릇에 2를 담은 후 남은 체더치즈를 올린 다음 에어 프라이어에 넣는다.

4 온도는 200℃, 시간은 10분으로 설정해 조리한다.

5 겉면이 갈색빛을 띠면 완성. 오이 피클을 뿌리고 식기 전에 먹는다.

영양분(1인분)

칼로리	지방	단백질	탄수화물	식이섬유
457Kcal	35.0g	21.6g	3.8g	0.2g

취향대로 만들어보세요

버섯, 토마토, 할라피뇨 등 좋아하는 재료를 추가해 보세요. 또 좋아하는 소스가 있으면 1/4컵 정도 섞어도 좋답니다!

모차렐라 치즈 스틱

준비 시간 1시간
조리 시간 10분

사 먹는 치즈 스틱보다 맛있게! 겉은 바삭하고 속은 부드러운 저탄수화물 치즈 스틱을 소개합니다. 저탄수화물 마리나라 소스(이탈리아식 토마토소스)에 찍어 먹어보세요. 색다른 맛이 당긴다면 치즈만 바꾸세요. 그럼 전혀 다른 치즈 스틱이 완성됩니다.

재료 | 4인분, 1인분 3개

모차렐라 치즈 스틱 6개(각 30g씩)
파르메산 치즈 가루 1/2컵
곱게 간 돼지 껍질 과자 15g
말린 파슬리 1작은술
달걀 2개(큰 것)

마리나라 소스

피자나 파스타에 어울리는 소스로 토마토, 마늘, 양파, 바질 등을 넣어 걸쭉하게 만들어요. 이탈리아 나폴리에서 유행해 나폴리 소스라고도 해요.

1 모차렐라 치즈 스틱을 반으로 잘라 45분간 냉동 보관한다.

2 큰 볼에 파르메산 치즈 가루, 돼지 껍질 과자, 파슬리를 넣고 섞는다.

3 적당한 크기의 볼에 달걀을 푼다.

4 1을 3의 달걀물에 담갔다가 2에 굴려 튀김옷처럼 입힌 다음 에어 프라이어에 넣는다.

5 온도는 200℃, 시간은 10분으로 설정해 조리한다. 겉면이 노릇노릇해지면 완성.

영양분(1인분)

칼로리	지방	단백질	탄수화물	식이섬유
236Kcal	13.8g	19.2g	4.7g	0.0g

베이컨 양파 링

준비 시간 5분
조리 시간 10분

바삭한 양파 링만 한 간식이 또 없죠. 햄버그스테이크에 곁들여도 좋답니다. 하지만 맛있다고 너무 많이 먹으면 안 돼요! 양파 1개의 탄수화물 양이 10g 정도라고 하니 1/4개 정도(1인분) 먹는다고 하면 2.5g 정도거든요.

재료 | 4인분

양파 1개(큰 것)
스리라차 소스 1큰술
베이컨 8줄

스리라차 소스

태국 동부의 해안 도시 시라차에서 유래한 소스로 현지 주민들이 먹는 해물 요리에 사용한 것이 시초였어요. 지금은 세계적으로 유명한 소스죠. 고추, 식초, 설탕, 소금 등을 섞어 만드는데 시판 제품이라면 설탕 함량이 적은 것을 구매하세요.

1. 양파를 1cm 두께로 원형으로 슬라이스하여 스리라차 소스를 바른다. 양파 한 소삭에 베이컨 한 줄씩을 빙 둘러 감싼다. (양파를 스틱 모양으로 잘라 한두 개씩을 베이컨으로 감싸도 된다.)
2. 1을 에어 프라이어에 넣고 온도는 170℃, 시간은 10분으로 설정해 조리한다.
3. 조리 중간에 뒤집는다. 베이컨이 바삭하게 익었으면 완성. 식기 전에 먹는다.

영양분(1인분)

칼로리	지방	단백질	탄수화물	식이섬유
105Kcal	5.9g	7.5g	4.3g	0.6g

미니 파프리카 파퍼

준비 시간 15분
조리 시간 8분

마치 바삭한 고추전 같은 식감의 간식을 즐겨보세요. 가볍게 먹기도 좋고, 보기도 좋은 파프리카 파퍼를 소개합니다.

재료 | 4인분

미니 파프리카 8개
크림치즈 110g(상온)
구워서 잘게 다진 베이컨 4줄
채 썬 페퍼잭 치즈 1/4컵

1 파프리카는 윗부분을 잘라내고 반으로 가른다. 안의 씨를 제거한다.

2 작은 볼에 크림치즈, 베이컨, 페퍼잭 치즈를 넣고 섞는다.

3 1의 파프리카 속에 2를 3작은술씩 올린다.

4 3을 에어 프라이어에 넣고 온도는 200℃, 시간은 8분으로 설정해 조리한다.

5 식기 전에 먹는다.

영양분(1인분)

칼로리	지방	단백질	탄수화물	식이섬유
176Kcal	13.4g	7.4g	3.6g	0.9g

매콤한 시금치 & 방울 양배추 딥 소스

준비 시간 10분
조리 시간 10분

매콤한 딥 소스는 언제 어디서나 인기 만점! 돼지 껍질 과자, 오이나 셀러리 같은 채소에 올려 먹어도 좋답니다.

재료 | 6인분

데친 시금치 1컵(물기를 제거한 것)
방울 양배추 400g
다진 할라피뇨 피클 1/4컵
크림치즈 220g(상온)
마요네즈 1/4컵
사워크림 1/4컵
마늘 가루 1/2작은술
파르메산 치즈 가루 1/4컵
채 썬 페퍼잭 치즈 1컵

1 방울 양배추는 2등분한다.

2 내열성 그릇(1L)에 모든 재료를 넣고 섞은 다음 에어 프라이어에 넣는다.

3 온도는 160℃, 시간은 10분으로 설정해 조리한다.

4 갈색빛을 띠면 완성. 식기 전에 먹는다.

영양분(1인분)

칼로리	지방	단백질	탄수화물	식이섬유
226Kcal	15.9g	10.0g	10.2g	3.7g

모차렐라 피자 크러스트

준비 시간 5분
조리 시간 10분

빵이 먹고 싶을 때에도 모차렐라 피자 크러스트 하나면 OK! 다른 요리와 함께 즐기거나 간식으로 바삭하게 구워 먹을 수 있어요. 페퍼로니, 피자 소스, 피자치즈만 올리면 피자가 완성!

재료 | 1인분

채 썬 모차렐라 치즈 1/2컵
고운 아몬드 가루 2큰술
크림치즈 1큰술
달걀흰자 1개(큰 것)

1 적당한 크기의 볼에 모차렐라 치즈, 아몬드 가루, 크림치즈를 넣고 전자레인지에 30초간 데운다. 꺼내서 한 덩어리가 될 때까지 젓는다. 여기에 달걀흰자를 섞어 반죽을 만든다.

2 1의 반죽을 15cm 넓이로 펴준다.

3 에어 프라이어에 종이 포일을 깔고 2를 올린다.

4 온도는 170℃, 시간은 10분으로 설정해 조리한다.

5 조리 중간에 뒤집는다. 이때 원하는 토핑을 올리면 피자 완성! 곧바로 먹는다.

여기저기 숨은 탄수화물

치즈와 달걀에도 탄수화물이 들어 있어요. 제품의 라벨에 적힌 영양 성분은 1보다 작으면 표시를 하지 않아도 되기 때문에 달걀 1개에 탄수화물이 0.06g가량 들어 있지만 함량 표시는 하지 않죠. 알고 먹으면 더 맛있는 법!

영양분(1인분)

칼로리	지방	단백질	탄수화물	식이섬유
314Kcal	22.7g	19.9g	3.6g	1.5g

치즈 마늘빵

준비 시간 10분
조리 시간 10분

밀가루 없이 마늘빵을 만들 수 있다니, 믿겨지나요? 오늘은 저탄수화물 치즈 마늘빵을 만들어보세요. 저탄수화물 파스타 소스에 찍어 먹으면 더 맛있답니다.

재료 | 2인분

채 썬 모차렐라 치즈 1컵
파르메산 치즈 가루 1/4컵
달걀 1개(큰 것)
마늘 가루 1/2작은술

1 큰 볼에 모든 재료를 넣고 잘 섞는다. 에어 프라이어에 종이 포일을 깔고 그 위에 올린다.

2 온도는 170℃, 시간은 10분으로 설정해 조리한다.

영양분(1인분)

칼로리	지방	단백질	탄수화물	식이섬유
258Kcal	16.6g	19.2g	3.7g	0.1g

돼지 껍질 과자로 만든 나초

준비 시간 5분
조리 시간 5분

돼지 껍질 과자는 탄수화물이 없는 데다 바삭한 맛이 일품이죠. 언제 어디서나 간식으로 먹어도 좋은 나초를 만들어봐요.

재료 | 2인분

돼지 껍질 과자 30g
익힌 닭고기 110g
채 썬 몬테레이잭 치즈 1/2컵
채 썬 할라피뇨 피클 1/4컵
과카몰리 1/4컵
사워크림 1/4컵

과카몰리

나초에 주로 곁들이는 소스예요. 아보카도와 라임 주스, 칠리, 고춧가루를 섞어 만들지요. 과카몰리 레시피는 인터넷에서도 쉽게 찾을 수 있으니 취향에 맞게 만들어보세요.

1 돼지 껍질 과자를 지름 15cm 정도의 내열성 그릇에 담는다. 그 위에 몬테레이잭 치즈와 닭고기를 찢어서 각각 올린 다음 에어 프라이어에 넣는다.

2 온도는 190℃, 시간은 5분으로 설정해 조리한다.

3 치즈가 다 녹으면 완성. 할라피뇨 피클, 과카몰리(멕시코식 아보카도 소스), 사워크림을 얹어 바로 먹는다.

영양분(1인분)

칼로리	지방	단백질	탄수화물	식이섬유
395Kcal	27.5g	30.1g	3.0g	1.0g

육포

준비 시간 5분
조리 시간 4시간

키토제닉 다이어트 중에 육포는 피해야 하는 음식이에요. 마트에서 파는 육포는 설탕이 많이 들어 있어서 혈당을 높여 인슐린 분비를 늘리기 때문이죠. 게다가 탄수화물 함량도 꽤 높아요. 하지만 이 레시피만 있으면 살찔 걱정 없이 육포를 원하는 맛으로 얼마든지 만들어 즐길 수 있답니다.

재료 | 10인분

얇게 썬 소고기 목심 450g
진간장 1/4컵
우스터 소스 2작은술
고춧가루 1/4작은술
마늘 가루 1/4작은술
양파 가루 1/4작은술

1 모든 재료를 플라스틱 용기에 넣고 섞은 다음 2시간 동안 냉장 숙성을 시킨다.

2 1의 고기가 겹치지 않게 에어 프라이어에 넣고 온도는 70℃, 시간은 4시간으로 설정해 조리한다.

3 완전히 식힌 뒤 먹는다. 남은 것은 밀봉하여 냉장 보관한다.

영양분(1인분)

칼로리	지방	단백질	탄수화물	식이섬유
85Kcal	3.5g	10.2g	0.6g	0.0g

단백질 듬뿍, 바삭 피자

준비 시간 5분
조리 시간 5분

피자 좋아하시나요? 피자 크러스트 없이도 바삭한 피자를 만들 수 있는 방법을 알려드릴게요. 원하는 토핑을 추가하여 나만의 피자를 만들 수도 있지요. 알프레도 소스(크림소스)와 신선한 채소 혹은 바비큐 소스에 구운 치킨을 올려도 맛있답니다.

재료 | 1인분

슈레드 모차렐라 치즈 1/2컵
페퍼로니 7장
간 돼지고기 80g
구운 베이컨 2줄
파르메산 치즈 가루 1큰술
피자 소스 2큰술

1 작은 팬을 중간 불에 올려 간 돼지고기를 볶는다.

2 15cm 지름의 케이크 팬에 모차렐라 치즈를 깔아준다. 그 위에 페퍼로니, 1의 돼지고기, 베이컨을 올리고 파르메산 치즈 가루를 뿌린다. 팬을 에어 프라이어에 넣는다.

3 온도는 200℃, 시간은 5분으로 설정해 조리한다.

4 치즈가 금빛을 띠면 완성. 식기 전에 피자 소스에 찍어 먹는다.

저탄수화물 피자 소스 만들기

진간장 1컵, 토마토케첩 2/3컵, 굴소스·감미료·다진 마늘·맛술·후춧가루 적당량씩을 잘 섞어주면 간단히 저탄수화물 피자 소스를 만들 수 있어요. 시판용 소스를 사용할 경우는 항상 영양 성분표를 확인해 탄수화물과 설탕이 적게 든 제품을 구매하세요.

영양분(1인분)

칼로리	지방	단백질	탄수화물	식이섬유
466Kcal	34.0g	28.1g	5.2g	0.5g

바비큐 소스를 고를 때 영양 성분표를 꼭 확인하세요!

시중에 파는 바비큐 소스는 설탕이 많이 들어 있으니 꼭 영양 성분표를 확인하세요. 탄수화물 함량이 적고, 설탕이 적게 들어 있는 제품을 구매하세요.

베이컨 브리

준비 시간 5분
조리 시간 10분

치즈 좋아하시죠? 먹기 편하고 탄수화물 함량이 적어서 키토제닉 다이어트에도 좋답니다. 근데 그 맛있는 치즈를 베이컨에 싸 먹으면 어떨까요? 고소한 베이컨 브리를 한번 맛보면 치즈를 더 좋아하게 될 거예요!

재료 | 8인분
베이컨 4줄
브리 치즈 220g

브리 치즈
견과류와 과일 향이 풍부하고 크림처럼 부드러운 프랑스 치즈예요.

1 베이컨 2줄을 × 모양으로 겹쳐 놓는다. 그 위에 + 모양으로 베이컨 2줄을 겹친다. 정중앙에 덩어리 브리 치즈를 올린다.

2 베이컨으로 브리 치즈를 감싸 종이 포일을 깐 에어 프라이어에 넣는다.

3 온도는 200℃, 시간은 10분으로 설정해 조리한다.

4 조리 시간이 3분 남았을 때 뒤집는다.

5 베이컨은 바삭하고 치즈가 부드럽게 녹았으면 완성. 8조각으로 자른다.

영양분(1인분)

칼로리	지방	단백질	탄수화물	식이섬유
116Kcal	8.9g	7.7g	0.2g	0.0g

훈제 BBQ 아몬드

준비 시간 5분
조리 시간 6분

아몬드는 저탄수화물, 고단백의 영양가 넘치는 견과류입니다. 구운 아몬드는 몸에도 좋고 맛도 좋은 훌륭한 간식이죠! 마트에 다양한 아몬드가 있는데, 대부분 몸에 좋지 않은 양념으로 가미되어 있죠. 달고 짜고… 피해야 할 성분이 너무 많으니 직접 만들어 드세요.

재료 | 4인분, 1인분 1/4컵

생아몬드 1컵
코코넛오일 2작은술
칠리 파우더 1작은술
커민 가루 1/4작은술
훈제 파프리카 가루 1/4작은술
양파 가루 1/4작은술

1 큰 볼에 모든 재료를 넣고 잘 섞은 다음 에어 프라이어에 넣는다.

2 온도는 160℃, 시간은 6분으로 설정해 조리한다.

3 조리 중간에 한 번 버무려 준다. 완전히 식힌 뒤 먹는다.

영양분(1인분)

칼로리	지방	단백질	탄수화물	식이섬유
182Kcal	16.3g	6.2g	6.6g	30.3g

랜치 드레싱을 넣어 구운 아몬드

준비 시간 5분
조리 시간 6분

구운 아몬드에는 식이섬유와 지방이 풍부하답니다. 탄수화물 함량도 적은데 바삭거리기까지 하죠. 입이 심심할 때 생각나는 맛!

재료 | 4인분, 1인분 1/4컵

생아몬드 2컵
녹인 무염 버터 2큰술
랜치 드레싱 파우더 15g

1 큰 볼에 아몬드와 버터를 넣고 잘 섞는다. 랜치 드레싱을 뿌리고 잘 섞은 뒤 에어 프라이어에 넣는다.

2 온도는 160℃, 시간은 6분으로 설정해 조리한다. 조리 중간에 그릇을 2~3회 흔들어 내용물을 섞어 준다.

3 20분 이상 식혀 바삭하게 만든 다음 밀폐 용기에 담아 보관한다.

영양분(1인분)

칼로리	지방	단백질	탄수화물	식이섬유
190Kcal	16.7g	6.0g	7.0g	6.0g

직접 구우면 더 맛있는 아몬드!
시중에서 파는 구운 아몬드에는 설탕, 소금이 너무 많이 들어가요. 생아몬드를 사서 굽되 달달한 맛이 당긴다면 에리스리톨을 1/2작은술만 넣어 보세요. 더욱 바삭해지고 몸에도 좋답니다.

모차렐라 치즈 미트볼

준비 시간 15분
조리 시간 15분

육즙이 가득, 부드러운 치즈가 듬뿍! 누구나 좋아할 미트볼입니다. 먹기도 편하고 만들기도 간편하죠. 마리나라 소스를 곁들여보세요.

재료 | 4인분

간 소고기 450g
고운 아몬드 가루 1/4컵
말린 파슬리 1/2작은술
마늘 가루 1/2작은술
양파 가루 1/4작은술
달걀 1개(큰 것)
깍둑 썬 모차렐라 치즈 덩어리 85g
파스타 소스 1/2컵
파르메산 치즈 가루 1/4컵

1 큰 볼에 소고기, 아몬드 가루, 파슬리, 마늘 가루, 양파 가루, 달걀을 넣고 완전히 섞는다.

2 1을 16개로 분할하여 5cm 크기의 미트볼로 만든다. 이때 미트볼 정중앙에 모차렐라 치즈를 넣는다.

3 2를 에어 프라이어에 넣는다.

4 온도는 170℃, 시간은 15분으로 설정해 조리한다.

5 겉면이 바삭해지면 완성.

6 5의 완성된 미트볼에 파스타 소스를 붓고 파르메산 치즈 가루를 뿌려 먹는다.

나만의 치즈 미트볼 만들기

모차렐라 치즈 대신 다른 치즈도 사용해 보세요. 좋아하는 향신료를 추가하면 더 맛있게 즐길 수 있답니다.

파스타 소스

다양한 파스타 소스가 있는데 볼로네즈, 알프레도, 페스토 등이 대표적이에요. 입맛에 맞춰 선택하세요.

영양분(1인분)

칼로리	지방	단백질	탄수화물	식이섬유
447Kcal	29.7g	29.6g	5.4g	1.8g

Chapter

3

사이드 디시

Side Dishes

주요리에 곁들이는 사이드 디시로 많이 사용하는 감자나 마카로니는 대표적인 고탄수화물 식재료예요. 이런 고탄수화물 사이드 디시 말고도 에어 프라이어로 만들 수 있는 간편하면서 탄수화물 걱정 없이 즐길 사이드 디시가 무궁무진해요. 이제부터 알려드릴게요.

구운 브로콜리

준비 시간 10분
조리 시간 10분

브로콜리는 맛이 없다? 오늘의 레시피만 있으면 그 편견이 깨질 겁니다. 풍부한 지방으로 풍미가 더해져 입안 가득 기분 좋은 맛이 차올라요. 물론 브로콜리의 풍부한 단백질 영양소는 덤이랍니다!

재료 | 2인분

브로콜리 3컵
코코넛오일 1큰술
가늘게 채 썬 체더치즈 1/2컵
사워크림 1/4컵
구운 베이컨 4줄
파 1줄기

1 내열용 그릇에 브로콜리를 넣고 코코넛오일을 뿌린다.

2 1을 에어프라이어에 넣고 온도는 170℃, 시간은 10분으로 설정해 조리한다.

3 조리 중간에 그릇을 2~3회 흔들어준다. 브로콜리가 타지 않도록 주의한다.

4 브로콜리가 바삭해지면 완성. 그 위에 체더치즈, 사워크림, 베이컨을 잘라서 올리고 마지막으로 송송 썬 파를 올린다.

영양분(1인분)

칼로리	지방	단백질	탄수화물	식이섬유
361Kcal	25.7g	18.4g	10.5g	3.6g

마늘 버터 향 가득, 구운 무

준비 시간 10분
조리 시간 10분

구운 무는 고구마를 대신하기에 좋은 음식이랍니다. 이 좋은 재료를 에어프라이어에 구우면 바삭함까지 더해져요. 무에는 비타민 C와 식이섬유도 풍부해 언제든 부담 없이 즐길 수 있어요.

재료 | 4인분

무 450g
녹인 무염 버터 2큰술
마늘 가루 1/2작은술
말린 파슬리 1/2작은술
말린 오레가노 1/4작은술
후춧가루 1/4작은술

1. 무를 깨끗이 손질해 2cm 두께로 썬 뒤 각각 4등분한다.
2. 내열용 그릇이나 팬에 1과 나머지 재료들을 넣고 버무려 에어프라이어에 넣는다.
3. 온도는 170℃, 시간은 10분으로 설정해 조리한다.
4. 조리 중간에 무에 양념이 골고루 묻도록 버무려준다. 무 가장자리가 갈색빛을 띠면 완성. 식기 전에 먹는다.

영양분(1인분)

칼로리	지방	단백질	탄수화물	식이섬유
63Kcal	5.4g	0.7g	2.9g	3.6g

버섯 햄버그스테이크

준비 시간 10분
조리 시간 8분

버섯은 향이 좋을 뿐만 아니라 탄수화물 함량은 적고 칼륨 함량은 높은 식자재랍니다. 고기와 함께 먹으면 단백질과 지방까지 충분히 섭취하면서 풍미가 더해질 거예요!

재료 | 2인분

포트벨로 버섯 6개
간 돼지고기 220g
다진 양파 1/4컵
고운 아몬드 가루 2큰술
파르메산 치즈 가루 1/4컵
간 마늘 1작은술

1 포트벨로 버섯은 밑동을 분리하여 다지고 갓 부분은 따로 둔다.

2 적당한 크기의 팬을 중간 불에 올리고 간 돼지고기를 10분간 볶는다. 여기에 1의 다진 버섯 밑동, 양파, 아몬드 가루, 파르메산 치즈 가루, 마늘을 추가하여 1분간 볶는다.

3 1의 버섯 갓에 2를 채워 에어 프라이어에 넣는다.

4 온도는 190℃, 시간은 8분으로 설정해 조리한다.

5 겉면이 갈색빛을 띠면 완성. 식기 전에 먹는다.

포토벨로 버섯
양송이과 버섯으로 갈색을 띱니다. 요즘 우리나라에서도 팔고 있으니 한번 활용해 보세요.

체더치즈 토핑
체더치즈 한 장을 추가하면 버섯의 향을 배가시키고 제법 든든한 한 끼가 됩니다.

영양분(1인분)

칼로리	지방	단백질	탄수화물	식이섬유
404Kcal	25.8g	24.3g	18.2g	4.5g

취향에 따라 모차렐라 치즈나
체더치즈를 토핑해 보세요.

치즈 콜리플라워 볼

준비 시간 15분
조리 시간 12분

대표적인 탄수화물 식품인 감자로 만든 감자 튀김 볼은 피해야 합니다. 하지만 재료를 콜리플라워로 바꾸면 비슷한 느낌으로 즐길 수 있지요. 남녀노소 가리지 않고 좋아할 맛. 저탄수화물 케첩이나 좋아하는 소스에 찍어 먹으면 더 맛있어요.

재료 | 4인분, 1인분 4개

콜리플라워 1개
슈레드 모차렐라 치즈 1컵
파르메산 치즈 가루 1/2컵
달걀 1개(큰 것)
마늘 가루 1/4작은술
말린 파슬리 1/4작은술
양파 가루 1/8작은술

아이 간식으로도 최고!

아이들이 좋아하는 감자튀김 모양이지만 속에는 몸에 좋은 콜리플라워가 가득하답니다. 아이들은 채소인 줄도 모르고 맛있는 치즈 맛에 푹 빠질 거예요.

1 큰 냄비에 물 2컵을 붓고 찜기를 넣는다. 여기에 콜리플라워를 손질하여 넣고 찐다. 뚜껑은 닫아둔다.

2 콜리플라워가 부드러워질 때까지 찐다(약 7분). 다 익은 콜리플라워는 키친타월로 물기를 제거한 뒤 식힌다. 식은 뒤엔 꽉 짜 남은 물기를 완벽하게 제거해 으깨준다.

3 큰 볼에 2를 담고 모차렐라 치즈, 파르메산 치즈 가루, 달걀, 마늘 가루, 파슬리, 양파 가루를 넣고 섞어 촉촉하게 반죽한다.

4 3을 2큰술씩 떠서 동그랗게 빚어 에어 프라이어에 넣는다.

5 온도는 160℃, 시간은 12분으로 설정해 조리한다.

6 조리 중간에 뒤집는다. 금빛을 띠면 완성. 식기 전에 먹는다.

영양분(1인분)

칼로리	지방	단백질	탄수화물	식이섬유
181Kcal	9.5g	13.5g	9.6g	3.0g

바삭한 방울 양배추 구이

준비 시간 5분
조리 시간 10분

아이들도 좋아할 수밖에 없는 방울 양배추 요리를 해볼까요? 영양가 넘치고, 심장 건강에도 좋은 오메가3 지방산이 가득! 채소를 싫어하는 사람이라도 좋아할 레시피예요.

재료 | 4인분
방울 양배추 450g
코코넛오일 1큰술
녹인 무염 버터 1큰술

1 방울 양배추를 손질하여 반으로 자른다.

2 1에 코코넛오일을 바르고 에어 프라이어에 넣는다.

3 온도는 200℃, 시간은 10분으로 설정해 조리한다. 고루 익도록 조리 중간에 뒤집는다.

4 겉에 묻은 코코넛오일이 어두운 색을 띠면 완성. 버터를 둘러 바로 먹는다.

영양분(1인분)

칼로리	지방	단백질	탄수화물	식이섬유
90Kcal	6.1g	2.9g	7.5g	3.2g

애호박 칩

준비 시간 10분
조리 시간 10분

바삭바삭한 칩이 그리울 때가 있죠? 에어 프라이어만 있으면 걱정 끝! 얇게 썰어 만든 애호박 칩은 반찬으로도 간식으로도 좋답니다.

재료 | 4인분

애호박 2개
돼지 껍질 과자 30g
파르메산 치즈 가루 1/2컵
달걀 1개(큰 것)

1 애호박을 얇게 썰고 키친타월 사이에 30분간 두어 물기를 완전히 제거한다.

2 돼지 껍질 과자를 곱게 갈고 적당한 크기의 볼에 넣어 파르메산 치즈 가루와 섞는다.

3 작은 볼에 달걀을 푼 다음 1을 담가 달걀옷을 입힌다.

4 3에 2를 골고루 묻힌 다음 에어 프라이어에 넣고 온도는 160℃, 시간은 10분으로 설정해 조리한다.

5 조리 중간에 뒤집는다. 식기 전에 먹는다.

영양분(1인분)

칼로리	지방	단백질	탄수화물	식이섬유
121Kcal	6.7g	9.9g	3.8g	0.6g

구운 마늘

준비 시간 5분
조리 시간 20분

구운 마늘만 있으면 심심한 요리에도 깊은 풍미를 더할 수 있답니다. 이 책에 소개된 다양한 요리에 구운 마늘을 곁들여보세요. 오븐에 구우면 1시간도 더 걸리겠지만, 에어 프라이어만 있으면 20분이면 충분해요.

재료 | 12인분, 1인분 1쪽
통마늘 2통(6쪽 마늘)
아보카도오일 2작은술

1 통마늘은 바깥 껍질을 까고, 끝부분만 1/4 정도 잘라낸다.

2 1을 그릇처럼 접은 쿠킹 포일에 놓고 아보카도오일을 뿌린 다음 에어 프라이어에 넣는다.

3 온도는 200℃, 시간은 20분으로 설정해 조리한다. (마늘 크기에 따라 시간은 조정한다.)

4 마늘이 부드러워지고 갈색빛을 띠면 완성.

5 껍질 까기가 쉬워 먹기도 편하다. 밀폐 용기에 담아 냉장 보관한다(5일 정도 냉장 보관 가능). 냉동 보관 시에는 종이 포일로 한 쪽씩 싼다.

구운 마늘 활용법

마늘을 구우면 생마늘보다 매운맛이 줄어들고 단맛은 더 강해져 어떤 요리와도 잘 어울립니다. 구운 마늘을 으깨서 상온에 꺼내둔 버터 1/4컵, 허브를 섞어 소스처럼 스테이크 요리에 곁들여도 맛있어요.

영양분(1인분)

칼로리	지방	단백질	탄수화물	식이섬유
11Kcal	0.7g	0.2g	1.0g	0.1g

케일 칩

준비 시간 5분
조리 시간 5분

소금과 오일만 있으면 몇 분 만에 완성되는 케일 칩! 바삭바삭한 식이섬유가 듬뿍 든 칩을 만들어보세요. 장 건강에도 좋답니다.

재료 | 4인분

찐 케일 4컵
아보카도오일 2작은술
소금 1/2작은술

1 큰 볼에 케일, 아보카도오일, 소금을 넣고 섞어서 에어 프라이어에 넣는다.

2 온도는 200℃, 시간은 5분으로 설정해 조리한다.

3 케일이 바삭해지면 완성. 곧바로 먹는다.

영양분(1인분)

칼로리	지방	단백질	탄수화물	식이섬유
25Kcal	2.2g	0.5g	1.1g	0.4g

버펄로 소스 콜리플라워

준비 시간 5분
조리 시간 5분

영양가와 맛을 동시에 잡은 콜리플라워 스테이크. 버펄로 소스가 들어가 매콤한 맛이 입맛을 돋울 거예요. 너무 매운 경우 블루치즈나 랜치 드레싱을 곁들이세요.

재료 | 4인분

콜리플라워 4컵(적당한 크기로 자른 것)
녹인 가염 버터 2큰술
랜치 드레싱 파우더 15g
버펄로 소스 1/4컵

1 큰 볼에 콜리플라워, 버터, 랜치 드레싱 파우더를 넣고 섞은 다음 에어 프라이어에 넣는다.

2 온도는 200℃, 시간은 5분으로 설정해 조리한다.

3 조리 중간에 2~3회 흔들어준다. 부드럽게 익으면 완성. 식기 전에 버펄로 소스를 뿌려 먹는다.

영양분(1인분)

칼로리	지방	단백질	탄수화물	식이섬유
87Kcal	5.6g	2.1g	7.3g	2.1g

그린 빈 캐서롤

준비 시간 10분
조리 시간 15분

포트럭 파티에 가져가면 인기 만점 메뉴 등극! 더욱이 탄수화물 함량도 적어요. 제대로 즐기려면 부드러운 양송이 수프와 함께 먹어야 하지만 키토제닉 다이어트 중이니까 수프는 피하세요. 수프 없이도 훌륭한 요리예요.

재료 | 4인분

무염 버터 4큰술
깍둑 썬 양파 1/4컵
다진 양송이버섯 1/2컵
휘핑크림 1/2컵
크림치즈 30g
닭 육수 1/2컵
잔탄검 1/4작은술
그린 빈 450g
곱게 간 돼지 껍질 과자 15g

1 적당한 크기의 팬을 중간 불에 올리고 버터를 녹인다. 여기에 양파, 양송이버섯을 넣고 3~5분간 볶는다.

2 1에 휘핑크림, 크림치즈, 닭 육수를 넣고 계속 젓는다. 끓기 시작하면 불을 줄인다. 잔탄검을 뿌리고 불을 끈다.

3 그린 빈은 5cm로 자르고 내열성 그릇(1L)에 담는다. 여기에 2를 붓고 젓는다. 마지막으로 돼지 껍질 과자를 올린 다음 에어 프라이어에 넣는다.

4 온도는 160℃, 시간은 15분으로 설정해 조리한다.

5 겉면이 금빛을 띠고 콩이 부드럽게 익었으면 완성. 식기 전에 먹는다.

영양분(1인분)

칼로리	지방	단백질	탄수화물	식이섬유
267Kcal	23.4g	3.6g	9.7g	3.2g

콩은 탄수화물 함량이 높지 않나요?

콩이나 땅콩은 저탄수화물 식재료는 아니에요. 하지만 그린 빈은 일반 콩과 달리 탄수화물 함량이 높지 않아요. 그린 빈 1컵에는 3.6g의 탄수화물만 들어 있다고 하니 그린 빈 캐서롤은 마음껏 즐겨도 됩니다.

잔탄검/크산탄검

맛에는 영향을 주지 않고 음식을 걸쭉하게 만들어주는 재료예요. 보통은 걸쭉하게 만드는 용도로 전분물을 사용하지만 전분은 탄수화물 함량이 높죠. 그래서 키토제닉 요리에서는 탄수화물도 없고 칼로리도 없는 잔탄검을 활용합니다.

콜리플라워 구이

준비 시간 10분
조리 시간 7분

콜리플라워에는 비타민 C와 같은 영양소는 풍부하지만 다소 심심한 맛이라 인기는 별로죠? 하지만 이 레시피가 공개되면 마트의 콜리플라워가 동날 수도 있어요. 고수와 라임으로 향을 더해 풍미 깊은 요리를 즐기세요.

재료 | 4인분

콜리플라워 2컵(적당한 크기로 자른 것)
녹인 코코넛오일 2큰술
칠리 파우더 2작은술
마늘 가루 1/2작은술
라임 1개
다진 고수 2큰술

1 큰 볼에 콜리플라워, 코코넛오일을 넣고 버무린다. 여기에 칠리 파우더, 마늘 가루를 뿌리고 에어 프라이어에 넣는다.

2 온도는 175℃, 시간은 7분으로 설정해 조리한다.

3 콜리플라워가 부드러워지고 가장자리가 금빛을 띠면 완성.

4 라임을 4등분 해서 3의 콜리플라워 위에 뿌린다. 고수를 얹어 먹는다. (취향에 따라 고수는 생략해도 된다.)

영양분(1인분)

칼로리	지방	단백질	탄수화물	식이섬유
73Kcal	6.5g	1.1g	3.3g	1.1g

아마씨 모닝빵

준비 시간 10분
조리 시간 12분

키토제닉 다이어트 중에는 빵이 너무 그립죠? 그렇다면 모닝빵을 마음껏 드세요! 식사 대용으로도 만점이에요.

재료 | 6인분

슈레드 모차렐라 치즈 1컵
크림치즈 30g
고운 아몬드 가루 1컵
아마씨 가루 1/4컵
베이킹파우더 1/2작은술
달걀 1개(큰 것)

1 큰 볼에 모차렐라 치즈, 크림치즈, 아몬드 가루를 넣고 섞어 전자레인지에서 1분간 데운 다음 부드러워질 때까지 젓는다.

2 1에 아마씨 가루, 베이킹파우더, 달걀을 넣고 잘 섞은 다음 부드러워질 때까지 젓는다(반죽이 굳으면 전자레인지에 15초간 데운다).

3 2를 6등분해 모닝빵 모양으로 빚은 뒤 에어 프라이어에 넣는다.

4 온도는 160℃, 시간은 12분으로 설정해 조리한다.

5 완전히 식힌 뒤 먹는다.

영양분(1인분)

칼로리	지방	단백질	탄수화물	식이섬유
228Kcal	18.1g	10.8g	6.8g	3.9g

아마씨 특유의 향이 싫다면 애플 사이더 비네거 한두 방울을 추가해 향을 줄일 수 있어요.

코코넛 치즈 마늘 비스킷

준비 시간 10분
조리 시간 12분

비스킷이 먹고 싶은데 키토제닉 다이어트 중이라서 못 먹는다고요? 그럼 키토제닉 전용 비스킷을 만들면 되죠! 폭신한 비스킷과 새우튀김을 곁들이면 고급 레스토랑에서 식사하는 기분이 들 거예요.

재료 | 4인분

코코넛 가루 1/3컵
베이킹파우더 1/2작은술
마늘 가루 1/2작은술
달걀 1개(큰 것)
녹인 무염 버터 1/4컵
슈레드 체더치즈 1/2컵
파 1줄기(채썰기)

1 큰 볼에 코코넛 가루, 베이킹파우더, 마늘 가루를 넣고 섞는다.

2 1에 달걀을 풀고 버터 절반, 체더치즈, 파를 넣어 잘 섞는다.

3 2를 4등분한 다음 둥글납작하게 빚어 에어 프라이어에 넣는다.
(에어 프라이어 용량에 따라 한 번에 굽든지 두 번에 나눠 굽는다.)

4 온도는 160℃, 시간은 12분으로 설정해 조리한다.

5 한 김 식힌 뒤 남은 버터를 부어 먹는다.

영양분(1인분)

칼로리	지방	단백질	탄수화물	식이섬유
218Kcal	16.9g	7.2g	6.8g	3.4g

버터를 추가하면 좀 더 포만감 있는 한 끼 식사가 된답니다.

반으로 갈라 샌드위치용
빵으로 이용해도 좋아요.

플랫 브레드

준비 시간 5분
조리 시간 7분

플랫 브레드만 있으면 토르티야, 피자 등 다양한 음식에 활용 가능해요. 어떤 요리에 곁들여도 맛있는 플랫 브레드를 만들어봐요.

재료 I 2인분

슈레드 모차렐라 치즈 1컵
고운 아몬드 가루 1/4컵
크림치즈 30g(상온)

1 큰 볼에 모차렐라 치즈를 넣고 전자레인지에 30초간 데운다.

2 1에 아몬드 가루를 넣고 천천히 젓다가 크림치즈도 섞은 다음 도우가 만들어질 때까지 젓는다(손에 물을 묻혀 반죽해도 좋다).

3 종이 포일을 깔고 2를 2등분하여 올린 뒤 0.5cm 두께로 펴준다.

4 에어 프라이어에 3을 종이 포일 째 넣고 온도는 160℃, 시간은 7분으로 설정해 조리한다.

5 조리 중간에 한 번 뒤집어준다. 식기 전에 먹는다.

영양분(1인분)

칼로리	지방	단백질	탄수화물	식이섬유
296Kcal	22.2g	16.3g	4.8g	1.5g

아보카도 튀김

준비 시간 15분
조리 시간 5분

아보카도는 키토제닉 다이어트에서 빼놓을 수 없는 식자재죠. 탄수화물 함량은 낮으면서 몸에 좋은 식물성 지방이 풍부해 포만감도 크답니다. 그냥 먹어도 맛있지만 바삭한 튀김으로 먹어보면 어떨까요? 시간을 조금만 투자해도 더 맛있어집니다.

재료 | 4인분

아보카도 2개
곱게 간 돼지 껍질 과자 30g

빵가루 대신 돼지 껍질 과자

빵가루는 탄수화물 함량이 높아서 사용하지 않습니다. 돼지 껍질 과자를 믹서에 갈아서 섞으면 빵가루처럼 패티가 흩어지지 않게 잡아줄 뿐만 아니라 바삭한 식감까지 더해 준답니다.

TIP

스리라차 마요네즈 드레싱과 함께 먹어도 좋아요. 스리라차 마요네즈 드레싱은 마요네즈 1.5 : 스리라차 1의 비율로 만들면 됩니다.

1 아보카도를 반으로 잘라 씨를 제거한 뒤 껍질을 까고 0.5cm 두께로 썬다.

2 적당한 크기의 볼에 돼지 껍질 과자를 넣는다. 1의 아보카도를 넣어 돼지 껍질 과자를 골고루 묻힌 다음 에어 프라이어에 넣는다.

3 온도는 175℃, 시간은 5분으로 설정해 조리한다.

4 곧바로 먹는다.

영양분(1인분)

칼로리	지방	단백질	탄수화물	식이섬유
153Kcal	11.9g	5.4g	5.9g	4.6g

피타 브레드 칩

준비 시간 10분
조리 시간 5분

이 레시피면 어떤 감자칩도 더 이상 생각나지 않을 거예요. 바삭거리면서도 환상적인 맛! 베이컨 치즈버거 딥 소스와 즐기거나 멕시칸 스타일의 토핑을 올려서 나초로 만들어 드세요.

재료 | 4인분

슈레드 모차렐라 치즈 1컵
곱게 간 돼지 껍질 과자 15g
고운 아몬드 가루 1/4컵
달걀 1개(큰 것)

1. 큰 볼에 모차렐라 치즈를 넣고 전자레인지에 30초간 데운다. 여기에 나머지 재료들을 모두 넣고 반죽하여 도우를 만든다. (반죽 중 도우가 너무 굳으면 전자레인지에 15초간 데운다.)
2. 종이 포일을 깔고 1을 올려 직사각형 모양으로 편다. 가장자리를 칼로 잘라내어 모양을 만든 다음 에어 프라이어에 넣는다.
3. 온도는 175℃, 시간은 5분으로 설정해 조리한다.
4. 금빛을 띠면 완성. 상온에서 식혀 굳힌다.

피타 브레드
고대 시리아에서 유래된, 이스트로 밀가루를 발효시켜 만든 원형의 넓적한 빵이에요.

영양분(1인분)

칼로리	지방	단백질	탄수화물	식이섬유
161Kcal	11.6g	11.3g	2.2g	0.8g

가지 구이

준비 시간 15분
조리 시간 15분

가지는 식이섬유가 풍부하고 다이어트에 좋은 저칼로리 식품입니다. 요리하기도 쉬워서 키토제닉 다이어트 중에 먹기 편해요. 레시피대로 요리해서 다른 채소와 먹거나 궁합이 잘 맞는 닭고기와 즐겨보세요.

재료 | 4인분

가지 1개(큰 것)
올리브오일 2큰술
소금 1/4작은술
마늘 가루 1/2작은술

1 가지는 양끝을 잘라내고 0.5cm 두께로 편으로 길게 썬다.

2 1에 올리브오일을 바르고 소금, 마늘 가루를 뿌린 다음 에어 프라이어에 넣는다.

3 온도는 200℃, 시간은 15분으로 설정해 조리한다.

4 곧바로 먹는다.

영양분(1인분)

칼로리	지방	단백질	탄수화물	식이섬유
91Kcal	6.7g	1.3g	7.5g	3.7g

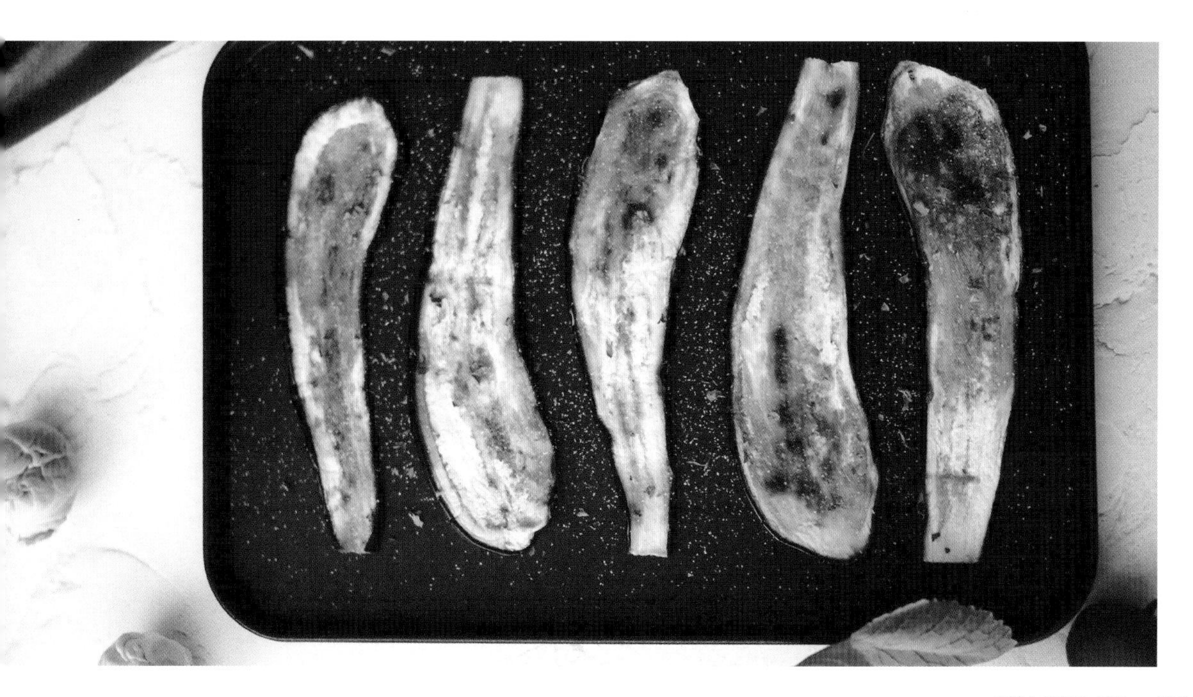

히카마 튀김

준비 시간 10분
조리 시간 20분

멕시코 감자로 알려져 있는 히카마는 중앙아메리카, 남아메리카에서 즐겨 먹는답니다. 식이섬유가 풍부하니 감자 대신 튀김을 만들어 먹어보세요. 대부분 에어 프라이어를 구매하고 도전하는 첫 음식이 기름 없는 튀김이죠? 히카마 튀김으로 건강까지 챙기세요.

재료 | 4인분

껍질 깐 히카마 1개(작은 것)
칠리 파우더 3/4작은술
마늘 가루 1/4작은술
양파 가루 1/4작은술
후춧가루 1/4작은술

1 히카마는 먹기 좋은 크기로 썬다.

2 작은 볼에 1을 넣고 칠리 파우더, 마늘 가루, 양파 가루, 후춧가루를 뿌려 양념한 다음 에어 프라이어에 넣는다.

3 온도는 175℃, 시간은 20분으로 설정해 조리한다.

4 조리 중간에 2~3회 흔들어 섞어준다. 식기 전에 먹는다.

히카마

히카마는 아열대성 콩과 식물로 각종 비타민과 무기질이 풍부합니다. 특히 당뇨와 고혈압에 좋은 효능을 가지고 있다고 하네요. 요즘은 우리나라에서도 재배를 하므로 온라인 쇼핑몰에서 쉽게 구할 수 있어요.

영양분(1인분)

칼로리	지방	단백질	탄수화물	식이섬유
37Kcal	0.1g	0.8g	8.7g	4.7g

파르메산 치즈 허브 포카치아

준비 시간 10분
조리 시간 10분

허브 향이 가득한 포카치아를 만들어봐요. 탄수화물 함량은 낮은데 샌드위치로 만들어 먹기 편하답니다. 키토제닉 다이어트 중에도 배불리 먹을 수 있는 이탈리아 스타일 빵!

재료 | 6인분

슈레드 모차렐라 치즈 1컵
크림치즈 30g
고운 아몬드 가루 1컵
골든 아마씨 1/4컵
파르메산 치즈 가루 1/4컵
베이킹 소다 1/2작은술
달걀 2개(큰 것)
마늘 가루 1/2작은술
말린 바질 1/4작은술
말린 로즈메리 1/4작은술
녹인 가염 버터 2큰술

1 큰 볼에 모차렐라 치즈, 크림치즈, 아몬드 가루를 넣고 전자레인지에서 1분간 데운다. 여기에 아마씨, 파르메산 치즈 가루, 베이킹 소다를 넣고 반죽한다. (반죽이 굳으면 전자레인지에 10~15초 데운다.)

2 1에 달걀을 풀어 넣고 계속해서 반죽한다.

3 2에 마늘 가루, 바질, 로즈메리를 넣고 반죽한다. 원형 팬(15cm/1호)에 반죽을 올리고 에어 프라이어에 넣는다.

4 온도는 200℃, 시간은 10분으로 설정해 조리한다.

5 조리 시간 7분이 지나면 포카치아의 색이 어두워진다. 이때 쿠킹 포일을 덮어준다.

6 최소 30분 이상 식혀준다. 포카치아 위에 버터를 뿌리고 먹는다.

포카치아 샌드위치

포카치아를 완전히 식혀주세요. 반으로 자르고 닭고기, 베이컨, 상추, 토마토, 마요네즈 등 좋아하는 재료를 넣어서 클럽샌드위치를 만들어보세요. 먹기 편하게 썰어놓으면 온 가족이 좋아할 한 끼 식사가 완성!

영양분(1인분)

칼로리	지방	단백질	탄수화물	식이섬유
291Kcal	23.4g	13.1g	7.6g	4.0g

채소를 곁들인 히카마 튀김

준비 시간 10분
조리 시간 10분

멕시코 감자 히카마, 껍질을 벗시는 건 좀 어렵지만 요리하기는 쉽답니다. 식감은 감자랑 비슷하지만 좀 더 달아요. 어떤 요리에든 잘 어울려 감자를 대신하기에도 좋답니다. 탄수화물 함량까지 고려한다면 감자 대신 계속 찾게 될 거예요.

재료 | 4인분

껍질 깐 히카마 1개
녹인 코코넛오일 1큰술
후춧가루 1/4작은술
핑크 히말라야 소금 1/2작은술
깍둑 썬 피망 1개
깍둑 썬 양파 1/2개

1 히카마는 적당한 크기로 깍둑 썰어 큰 볼에 넣고 코코넛오일과 잘 섞는다. 그 위에 소금, 후춧가루를 뿌리고 피망, 양파와 함께 에어 프라이어에 넣는다.

2 온도는 200℃, 시간은 10분으로 설정해 조리한다.

3 조리 중간에 2~3회 흔들어 섞는다. 히카마가 부드러워지고 가장자리가 갈색빛을 띠면 완성. 곧바로 먹는다.

영양분(1인분)

칼로리	지방	단백질	탄수화물	식이섬유
97Kcal	3.3g	1.5g	15.8g	8.0g

그린 토마토 튀김

준비 시간 10분
조리 시간 7분

아직 덜 익은 그린 토마토는 빨간 토마토보다 시고 단단합니다. 하지만 맛있게 요리하면 달콤한 즙이 흐르면서 여름의 향을 느낄 수 있어요. 에어 프라이어에 튀기면 기름 걱정도 없답니다.

재료 | 4인분

그린 토마토 2개
달걀 1개(큰 것)
고운 아몬드 가루 1/4컵
파르메산 치즈 가루 1/3컵

1 토마토를 1cm 두께로 썬다. 적당한 크기의 볼에 달걀을 풀고, 큰 볼에는 아몬드 가루, 파르메산 치즈 가루를 섞는다.

2 토마토에 달걀옷을 입히고 아몬드 가루와 파르메산 치즈 가루를 덧입힌 다음 에어 프라이어에 넣는다.

3 온도는 200℃, 시간은 7분으로 설정해 조리한다.

4 조리 중간에 뒤집는다. 곧바로 먹는다.

영양분(1인분)

칼로리	지방	단백질	탄수화물	식이섬유
106Kcal	6.7g	6.2g	5.9g	1.4g

오이 피클 튀김

준비 시간 10분
조리 시간 5분

오이 피클 튀김은 미국 남부에서 즐기는 음식인데요. 바삭하고 새콤해 입맛을 돋워주지요. 또 밀가루를 사용하지 않은 튀김옷을 입혀서 살찔 염려도 없어요. 4장에서 소개하는 닭 요리에 곁들여도 맛있어요.

재료 | 4인분

코코넛 가루 1큰술
고운 아몬드 가루 1/3컵
칠리 파우더 1작은술
마늘 가루 1/4작은술
달걀 1개(큰 것)
채 썬 오이 피클 1컵

1 적당한 크기의 볼에 코코넛 가루, 아몬드 가루, 칠리 파우더, 마늘 가루를 섞는다.

2 작은 볼에 달걀을 푼다.

3 오이 피클을 키친타월로 눌러 물기를 완전히 제거한 뒤 2에 담가 달걀옷을 입히고 다시 1에 넣어 튀김옷을 입힌 다음 에어 프라이어에 넣는다.

4 온도는 200℃, 시간은 5분으로 설정해 조리한다.

5 조리 중간에 뒤집어준다.

영양분(1인분)

칼로리	지방	단백질	탄수화물	식이섬유
85Kcal	6.1g	4.3g	4.6g	2.3g

Chapter

닭 요리

Chicken Main Dishes

닭고기는 남녀노소 불문하고 우리나라의 모든 사람이 좋아하는 식재료죠. 먹기 편할 뿐만 아니라 단백질, 지방까지 풍부하답니다. 하지만 늘 같은 조리법으로 오래 먹으면 질릴 수 있어요. 버펄로 치킨 텐더부터 치킨 피자 크러스트까지…. 지금부터 소개할 레시피만 있다면 매일 닭고기만 먹어도 질리지 않을 거예요.

버펄로 치킨 텐더

준비 시간 15분
조리 시간 20분

바삭한 치킨이 먹고 싶다고요? 걱정 마세요. 탄수화물로 뒤덮인 기존의 튀김옷은 버리고 돼지 껍질 과자로 더 맛있게 만들어봐요. 랜치 드레싱과 먹거나 취향대로 좋아하는 소스에 찍어 드세요.

재료 | 4인분

뼈 없는 닭고기 450g
핫소스 1/4컵
버팔로 소스 2큰술
곱게 간 돼지 껍질 과자 45g
칠리 파우더 1작은술
마늘 가루 1작은술

1 큰 볼에 닭고기를 넣고 핫소스를 뿌려 잘 버무린다.

2 다른 볼에 돼지 껍질 과자, 칠리 파우더, 마늘 가루를 섞는다.

3 1을 2에 넣어서 튀김옷을 골고루 입힌 다음 에어 프라이어에 넣는다.

4 온도는 190℃, 시간은 20분으로 설정하여 조리한다.

5 식기 전에 먹는다.

핫소스 만들기

시판 핫소스를 사용해도 되지만 몇 가지 재료만 있으면 쉽게 핫소스를 만들 수 있어요. 고추, 양파, 마늘, 식초, 감미료, 소금, 물을 넣고 한소끔 끓인 뒤 믹서로 곱게 갈아주세요. 냉장고에 넣어두면 일주일은 쓸 수 있어요.

영양분(1인분)

칼로리	지방	단백질	탄수화물	식이섬유
160Kcal	4.4g	27.3g	1.0g	0.4g

데리야키 치킨 윙

준비 시간 1시간
조리 시간 25분

둘이 먹다 하나가 죽어도 모를 맛! 만들기도 아주 쉽답니다. 마늘, 생강 향이 입안 가득 퍼지고 짭짤한 데리야키 소스가 닭날개의 맛을 한층 끌어올려줘요. 베이킹파우더를 좀 더 묻히면 더 바삭한 치킨 윙을 만들 수 있어요.

재료 | 4인분

닭날개 900g
데리야키소스 1/2컵
간 마늘 2작은술
생강가루 1/4작은술
베이킹파우더 2작은술

1 큰 볼에 베이킹파우더를 제외한 모든 재료를 넣어 섞고 1시간 동안 냉장고에 두어 숙성시킨다.

2 1의 닭날개에 베이킹파우더를 뿌려 살살 문지른 다음 에어 프라이어에 넣는다.

3 온도는 200℃, 시간은 25분으로 설정해 조리한다.

4 조리 중간에 2~3회 흔들어준다.

5 겉면이 바삭해지면 완성. 곧바로 먹지만 다 익은 닭날개는 70℃ 정도로 뜨거우니 먹을 때 조심한다.

데리야키 소스는 무설탕 제품을 사용하세요!

일반 데리야키 소스는 간장을 주재료로 해서 식초, 설탕, 청주 등을 넣어 만드므로 식품 영양 정보를 참고하여 꼭 무설탕 제품을 구입하세요.

영양분(1인분)

칼로리	지방	단백질	탄수화물	식이섬유
446cal	29.8g	41.8g	3.2g	0.1g

레몬 타임 치킨 구이

준비 시간 10분
조리 시간 1시간

닭을 통째로 에어 프라이어에 구워볼까요? 오븐으로 구운 것보다 바삭하게, 사 먹는 치킨보다 맛있게!

재료 | 6인분

닭 1마리(450g)
말린 타임 2작은술
마늘 가루 1작은술
양파 가루 1/2작은술
말린 파슬리 2작은술
베이킹파우더 1작은술
레몬 1개
녹인 가염 버터 2큰술

1 닭에 타임, 마늘 가루, 양파 가루, 파슬리, 베이킹파우더를 바르고 양념이 잘 배도록 문질러준다.

2 레몬을 여러 조각으로 자른다. 닭의 가슴살이 위로 향하게 놓고 레몬 4조각을 이쑤시개로 가슴살에 고정시킨다. 나머지 레몬은 닭의 배 안에 넣는다.

3 닭의 가슴살이 아래로 향하게 에어 프라이어에 넣는다.

4 온도는 170℃, 시간은 60분으로 설정해 조리한다.

5 조리 시간 30분쯤에 뒤집는다.

6 겉면이 금빛을 띠고 바삭거리면 완성. 치킨 위에 버터를 부어서 먹는다. 다 익은 치킨은 70℃ 정도로 뜨거우니 조심한다.

영양분(1인분)

칼로리	지방	단백질	탄수화물	식이섬유
504Kcal	36.8g	32.0g	1.4g	0.3g

에어 프라이어 용량을 고려하세요

가지고 있는 에어 프라이어 용량에 맞는 크기의 닭을 사용해야 해요. 특대 크기 닭도 들어가는 에어 프라이어가 있는 반면 작은 건 450g짜리도 꽉 찰 수 있어요. 에어 프라이어의 용량이 적다면 재료를 반만 사용하세요.

타임

강한 향을 가지고 있어 생선이나 육류 요리에 많이 써요. 우리나라에서는 백리향이라고도 불러요.

레몬 후추 시즈닝 닭다리 구이

준비 시간 5분
조리 시간 25분

후추에 레몬 향을 더해 음식의 풍미를 풍부하게 살려주는 레몬 후추는 닭 요리할 때 필수 식자재 중 하나입니다. 레몬 후추를 뿌린 닭다리를 맛보면 혀를 강타하는 자극에 놀랄 거예요.

재료 | 4인분, 1인분 2개

닭다리 8개
베이킹파우더 2작은술
마늘 가루 1/2작은술
녹인 가염 버터 4큰술
레몬 후추 시즈닝 1큰술

레몬 후추 시즈닝
통후추, 레몬, 소금, 양파, 마늘 등이 배합되어 있는 향신료로 시판 제품도 있어요. 설탕, 단백질, 지방, 탄수화물이 들어 있지 않지만 풍미는 더해 주는 시즈닝입니다.

1 닭다리를 베이킹파우더, 마늘 가루로 양념한 다음 에어 프라이어에 넣는다.

2 온도는 190℃, 시간은 25분으로 설정해 조리한다.

3 조리 중간에 뒤집는다.

4 겉면이 금빛을 띠면 완성. (다 익은 닭다리는 70℃ 정도로 뜨겁다.)

5 큰 볼에 버터, 레몬 후추 시즈닝을 담고 닭다리를 넣어 섞는다. 식기 전에 먹는다.

영양분(1인분)

칼로리	지방	단백질	탄수화물	식이섬유
532Kcal	32.3g	48.3g	1.2g	0.0g

고수 라임 치킨 구이

준비 시간 15분
조리 시간 22분

닭 넓적다리는 지방이 풍부해 부드럽고 저탄수화물 고지방 식단에 딱 좋은 식재료입니다. 특히 껍질에 있는 지방은 영양가도 높지만 고소한 맛을 더해주는 역할을 하죠. 여기에 고수, 라임을 더하면 완벽한 요리 완성!

재료 I 4인분

닭 넓적다리 살 4개
베이킹파우더 1작은술
마늘 가루 1/2작은술
칠리 파우더 2작은술
커민 가루 1작은술
라임 2개
다진 고수 1/4컵

1 닭의 넓적다리 살에서 물기를 제거하고 베이킹파우더를 뿌린다.

2 작은 볼에 마늘 가루, 칠리 파우더, 커민 가루를 섞어 1에 뿌린다. 양념이 잘 배도록 문질러준다.

3 라임 1개를 반으로 자르고 2에 즙을 짜서 뿌린 다음 에어 프라이어에 넣는다.

4 온도는 190℃, 시간은 22분으로 설정해 조리한다.

5 남은 라임은 4조각으로 잘라 완성된 요리와 함께 내놓는다. 취향에 맞춰 고수와 같이 즐긴다.

더 맛있게 먹으려면

넓적다리 살은 다른 부위보다 지방이 풍부합니다. 그래서 키토제닉에 더 적합하죠! 몸에 좋은 영양소는 물론이고 맛도 좋으니 앞으로도 자주 찾게 될 거예요. 양념은 겉에만 하지 말고, 껍질을 들어서도 해주세요. 칼집을 내서 양념하는 것도 좋습니다!

영양분(1인분)

칼로리	지방	단백질	탄수화물	식이섬유
435Kcal	29.1g	32.3g	2.6g	0.6g

닭가슴살 파히타

준비 시간 15분
조리 시간 25분

풍미 깊은 맛과 몸에 좋은 채소가 가득한 닭가슴살 파히타를 소개합니다. 토르티야가 없어도 맛있어요. 몬테레이잭 치즈를 1/2컵 넣으면 더 맛있는 요리가 완성된답니다.

재료 | 4인분

뼈 없는 닭가슴살 2개(170g×2)
채 썬 양파 1/4개
채 썬 피망 1개
코코넛오일 1큰술
칠리 파우더 2작은술
커민 가루 1작은술
마늘 가루 1/2작은술

1 닭가슴살을 반으로 자르고 고기 망치로 두드려 0.5cm 두께로 얇게 편다.

2 1 위에 양파 3조각, 피망 4조각씩을 올린다. 가슴살을 돌돌 말아주고 이쑤시개를 이용해 고정시킨다.

3 2에 코코넛오일, 칠리 파우더, 커민 가루, 마늘 가루를 바른 다음 에어 프라이어에 넣는다.

4 온도는 170℃, 시간은 25분으로 설정해 조리한다.

5 식기 전에 먹는다.

파히타

소고기나 닭고기 등을 구워서 토르티야에 싸 먹는 멕시코 요리예요.

영양분(1인분)

칼로리	지방	단백질	탄수화물	식이섬유
146Kcal	4.9g	19.8g	3.2g	1.2g

파르메산 치즈 치킨 구이

준비 시간 10분
조리 시간 25분

이탈리아에서 즐겨 먹는 요리랍니다. 이탈리아에서는 빵가루를 입혀서 토마토소스, 치즈와 스파게티에 올려 먹어요. 하지만 우린 빵가루를 빼서 탄수화물은 최소화하고 무설탕 토마토소스를 사용해 봐요.

재료 I 4인분

뼈 없는 닭가슴살 2개(170g×2)
마늘 가루 1/2작은술
말린 오레가노 1/4작은술
말린 파슬리 1/2작은술
마요네즈 4큰술
슈레드 모차렐라 치즈 1컵
곱게 간 돼지 껍질 과자 30g
파르메산 치즈 가루 1/2컵
파스타 소스 1컵

1 닭가슴살을 고기 망치로 두드려 2cm 두께로 편다. 마늘 가루, 오레가노, 파슬리를 뿌린다.

2 1에 마요네즈 2큰술씩을 펴 바른다. 그리고 모차렐라 치즈를 1/2컵씩 뿌린다.

3 작은 볼에 돼지 껍질, 파르메산 치즈 가루를 넣어 섞고 2에 올린다.

4 원형 팬(15cm/1호)에 파스타 소스를 붓고 3을 올린다. 팬을 에어프라이어에 넣는다.

5 온도는 160℃, 시간은 25분으로 설정해 조리한다.

6 치즈가 갈색빛을 띠면 완성. 식기 전에 먹는다. 다 익은 닭가슴살은 70℃ 정도로 뜨거우니 조심한다.

충분한 한 끼 식사로 즐기려면!

애호박이나 주키니 호박 국수를 곁들이면 영양 균형 잡힌 충분한 한 끼 식사가 됩니다. 위에 파르메산 치즈 가루를 뿌리면 더 맛있어요.

영양분(1인분)

칼로리	지방	단백질	탄수화물	식이섬유
393Kcal	22.8g	34.2g	6.8g	2.1g

치킨 코르동블루 캐서롤

준비 시간 15분
조리 시간 15분

탄수화물 없이 육즙이 흐르는 닭고기로 맛있는 코르동블루식 캐서롤을 만들어보세요. 으깬 돼지 껍질 과자를 첨가하면 바삭함까지 더해진답니다. 돼지 껍질 과자 냄새가 싫으면 치즈를 사용해도 좋아요. 밀가루는 금지!

재료 | 4인분

깍둑 썰어 익힌 닭 넓적다리 살 2컵
깍둑 썬 햄 1/2컵
깍둑 썬 스위스 치즈 55g
크림치즈 110g(상온)
생크림 1큰술
녹인 무염 버터 2큰술
디종 머스터드 2작은술
부순 돼지 껍질 과자 30g

1. 15cm 지름의 내열성 그릇에 닭고기와 햄을 넣고 섞는다. 그 위로 스위스 치즈를 올린다.
2. 큰 볼에 크림치즈, 생크림, 버터, 머스터드를 섞어서 1에 붓는다. 돼지 껍질 과자를 올린 다음 에어 프라이어에 넣는다.
3. 온도는 175℃, 시간은 15분으로 설정해 조리한다.
4. 캐서롤이 갈색빛을 띠면 완성. 식기 전에 먹는다.

영양분(1인분)

칼로리	지방	단백질	탄수화물	식이섬유
403Kcal	28.2g	30.7g	2.3g	0.0g

코르동블루

얇은 햄을 치즈에 싸서 기름에 튀기거나 구운 고기 커틀릿을 말해요. 일본으로 건너가 돈가스 형태로 발전되었는데 일본식 발음으로 코돈부르라는 치즈 돈가스가 비슷해요.

디종 머스터드

19세기 중반에 프랑스 브르고뉴의 디종 지방에서 처음 만들어진 소스로 부드러우면서도 강한 매운맛을 내요.

할라피뇨 파퍼 해슬백 치킨

준비 시간 20분
조리 시간 20분

매콤한 할라피뇨, 고소한 크림치즈, 맛있는 닭가슴살까지 한 접시에! 앞서 소개했던 할라피뇨 파퍼는 어떠셨나요? 이번 요리는 더 맛있어요.

재료 | 2인분

구운 베이컨 4줄
크림치즈 55g(상온)
가늘게 썬 슈레드 체더치즈 1/2컵
채 썬 할라피뇨 피클 1/4컵
뼈 없는 닭가슴살 2개(170g×2)

1 적당한 크기의 볼에 베이컨, 크림치즈, 체더치즈 절반, 할라피뇨 피클을 넣고 섞는다.
2 닭가슴살에 깊게 6~8회 칼집을 낸다.
3 2의 닭가슴살 칼집 사이로 1을 넣는다. 남은 체더치즈를 위에 뿌린 다음 에어 프라이어에 넣는다.
4 온도는 175℃, 시간은 20분으로 설정해 조리한다.
5 식기 전에 먹는다.

영양분(1인분)

칼로리	지방	단백질	탄수화물	식이섬유
501Kcal	25.3g	53.8g	1.6g	0.2g

매운맛이 싫다면?
할라피뇨가 너무 매운가요? 그렇다면 할라피뇨 양을 줄이고 대신 피망을 넣어보세요. 토마토소스나 다른 소스를 추가해서 제대로 된 이탈리아 음식을 즐겨보세요.

해슬백 감자
감자에 세로로 길게 칼집을 여러 개 넣어 오븐에 구운 음식이에요. 해슬백은 동네 이름으로 그 동네 식당에서 처음 이렇게 요리해서 내놓았다고 하네요.

치킨 엔칠라다

준비 시간 20분
조리 시간 10분

키토제닉 다이어트에 성공하는 비결! 바로 그동안 먹던 탄수화물을 대신할 저탄수화물 식자재를 찾는 거죠. 토르티야 대신 닭고기를 이용해요.

재료 | 4인분

익혀서 찢어놓은 닭고기 1 1/2컵
엔칠라다 소스 1/3컵
닭고기 슬라이스 햄 220g
슈레드 체더치즈 1컵
채 썬 몬테레이잭 치즈 1/2컵
사워크림 1/2컵
아보카도 1개(껍질, 씨는 미리 제거)

엔칠라다 소스 만들기

토마토소스 1컵, 다진 양파 1 1/2큰술, 갈릭 파우더 1작은술, 칠리 파우더 1작은술, 소금·후춧가루 약간씩

시간 절약 TIP

바쁠 땐 닭고기 슬라이스 햄을 사용하면 조리 시간을 많이 줄일 수 있어요.

1 큰 볼에 닭고기, 엔칠라다 소스 절반을 넣고 섞는다. 닭고기 슬라이스 햄을 펴 놓고 여기에 2큰술씩 올린다.

2 1에 체더치즈를 2큰술씩 올리고 조심히 말아준다.

3 내열성 그릇(1L)에 2를 넣고 나머지 엔칠라다 소스를 붓는다. 그 위로 몬테레이잭 치즈를 뿌린 다음 에어 프라이어에 넣는다.

4 온도는 185℃, 시간은 10분으로 설정해 조리한다.

5 겉면이 금빛을 띠면 완성. 사워크림과 아보카도를 곁들여 식기 전에 먹는다.

영양분(1인분)

칼로리	지방	단백질	탄수화물	식이섬유
416Kcal	25.2g	34.2g	6.5g	2.3g

엔칠라다

토르티야 사이에 고기, 치즈, 채소 등을 넣고 막대 모양으로 둥글게 말아 소스를 뿌린 다음 오븐에 굽는 멕시코 요리예요. 엔칠라다 소스는 시판 제품을 사용해도 되고 집에서 만든 토마토소스 등을 활용해도 됩니다.

치킨 피자 크러스트

준비 시간 10분
조리 시간 25분

탄수화물을 단백질로 대체하는 방법! 바로 닭고기로 피자 크러스트를 만드는 거예요. 단백질이 풍부한 덕에 근육 성장에도 도움이 될 뿐 아니라 바삭하기까지 해서 금방 또 먹고 싶어질 거예요.

재료 | 4인분

간 닭 넓적다리 살 450g
파르메산 치즈 가루 1/4컵
슈레드 모차렐라 치즈 1/2컵

내 마음대로 만들어 먹는 피자!
원하는 재료를 올려서 나만의 피자를 만들어보세요. 베이컨, 바비큐 소스를 올려도 좋고 토마토를 올려서 타코처럼 만들어도 좋습니다. 맛있는 피자를 만들어보세요.

1 큰 볼에 모든 재료를 넣고 섞어 4등분한다.

2 적당한 크기의 종이 포일을 4장 준비하고 그 위에 1을 올린다. 피자 모양을 만든 다음 에어 프라이어에 넣는다.

3 온도는 190℃, 시간은 25분으로 설정해 조리한다.

4 조리 중간에 뒤집는다.

5 다 익은 피자에 취향대로 토핑을 올리고 에어 프라이어에 5분간 더 조리한다. 남은 피자 크러스트는 냉장 또는 냉동 보관한다.

영양분(1인분)

칼로리	지방	단백질	탄수화물	식이섬유
230Kcal	12.8g	24.7g	1.2g	0.0g

블랙큰드 케이준 치킨 텐더

준비 시간 10분
조리 시간 17분

겉은 까맣지만 속은 하얗고 촉촉한 블랙큰드는 고기의 맛을 최대로 끌어올려주는 요리 방법이에요. 만들면서도 군침이 돌 테니 기대하세요.

재료 | 4인분

파프리카 가루 2작은술
칠리 파우더 1작은술
마늘 가루 1/2작은술
말린 타임 1/2작은술
양파 가루 1/4작은술
카옌페퍼 가루 1/8작은술
코코넛오일 2큰술
껍질, 뼈 없는 치킨 텐더 450g
랜치 드레싱 1/4컵

1 작은 볼에 모든 향신료 재료를 넣고 섞는다.

2 치킨 텐더에 코코넛오일을 바르고 1에 넣어 양념을 한 다음 에어 프라이어에 넣는다.

3 온도는 190℃, 시간은 17분으로 설정해 조리한다.

4 식기 전에 랜치 드레싱을 찍어 먹는다. 완성된 블랙큰드 케이준 치킨 텐더는 70℃ 정도로 뜨거우니 조심!

영양분(1인분)

칼로리	지방	단백질	탄수화물	식이섬유
163Kcal	7.5g	21.2g	1.5g	0.8g

시금치 페타 치즈 닭가슴살 구이

준비 시간 15분
조리 시간 25분

닭가슴살과 다른 재료를 함께 먹으면 맛이 없을 수가 없죠. 영양가는 물론이고 맛까지 챙긴 레시피로 요리해 보세요. 어느 닭가슴살 요리보다 한 단계 위라고 느낄 거예요.

재료 | 2인분

무염 버터 1큰술
데친 시금치 140g
마늘 가루 1/2작은술
소금 1/2작은술
깍둑 썬 양파 1/4컵
잘게 부순 페타 치즈 1/4컵
껍질, 뼈 없는 닭가슴살 2개(170g×2)
코코넛오일 1큰술

1 적당한 크기의 팬을 중간 불에 올리고 버터를 녹인 다음 시금치를 넣어 3분간 볶고, 마늘 가루 1/4작은술, 소금 1/4작은술을 넣는다. 양파를 추가한다.

2 1을 3분 이상 볶다가 적당한 크기의 볼에 옮겨 담는다. 여기에 페타치즈를 넣는다.

3 닭가슴살을 반으로 길게 가르고 그 사이에 2를 넣는다. 남은 마늘 가루, 소금을 뿌리고 코코넛오일을 두른 뒤 에어 프라이어에 넣는다.

4 온도는 175℃, 시간은 25분으로 설정해 조리한다.

5 갈색빛을 띠면 완성. 완성된 요리는 70℃ 정도로 뜨거우니 조심하면서 식기 전에 먹는다.

영양분(1인분)

칼로리	지방	단백질	탄수화물	식이섬유
393Kcal	18.5g	43.9g	6.2g	2.5g

미국 남부풍 닭튀김

준비 시간 15분
조리 시간 25분

겉은 바삭하고 속은 촉촉한 닭튀김이 생각나나요? 밀가루 튀김옷이 없어도 바삭함이 살아 있는 닭튀김을 먹을 수 있어요.

재료 | 4인분

닭가슴살 2개(170g×2)
핫소스 2큰술
칠리 파우더 1큰술
커민 가루 1/2작은술
양파 가루 1/4작은술
후춧가루 1/4작은술
곱게 간 돼지 껍질 과자 55g

1 닭가슴살을 길게 반으로 자른 다음 큰 볼에 넣고 핫소스를 뿌린다.

2 작은 볼에 칠리 파우더, 커민 가루, 양파 가루, 후춧가루를 섞어 1에 뿌린다.

3 큰 볼에 돼지 껍질 과자를 넣는다. 여기에 2를 넣고 튀김옷처럼 입힌 다음 에어 프라이어에 넣는다.

4 온도는 175℃, 시간은 25분으로 설정해 조리한다.

5 조리 중간에 뒤집는다.

6 겉면이 갈색빛을 띠면 완성. 식기 전에 먹는다.

영양분(1인분)

칼로리	지방	단백질	탄수화물	식이섬유
192Kcal	6.9g	27.8g	1.6g	0.9g

아몬드 치킨 구이

준비 시간 15분
조리 시간 25분

아몬드 가루로 튀김옷을 입혀 바삭한 식감을 두 배로! 아몬드는 탄수화물 함량이 낮을 뿐만 아니라 지방이 풍부하고 뇌 건강에도 좋다고 합니다!

재료 | 4인분

아몬드 1/4컵
닭가슴살 2개(170g×2)
마요네즈 2큰술
디종 머스터드 1큰술

1 아몬드는 믹서에 갈아 준비하고 닭가슴살은 길게 자른다.

2 작은 볼에 마요네즈, 머스터드를 넣어 섞고 1의 닭가슴살에 바른다.

3 2를 1의 아몬드 가루에 올려 옷을 입힌 다음 에어 프라이어에 넣고 온도는 175℃, 시간은 25분으로 설정해 조리한다.

영양분(1인분)

칼로리	지방	단백질	탄수화물	식이섬유
195cal	10.1g	20.9g	1.8g	0.8g

버펄로 치킨 치즈 스틱

준비 시간 5분
조리 시간 8분

만들기 쉬울 뿐만 아니라 먹었을 때 포만감도 큰 요리. 원래 간식으로 즐기는 치즈 스틱이지만 닭고기 덕에 배부른 한 끼 식사가 완성되었어요.

재료 | 2인분

익혀서 찢어놓은 닭고기 1컵
버펄로 소스 1/4컵
슈레드 모차렐라 치즈 1컵
달걀 1개(큰 것)
간 페타 치즈 1/4컵

1 큰 볼에 페타 치즈를 제외한 모든 재료를 넣고 섞는다. 종이 포일을 깔고 이 혼합 재료를 올려 1cm 두께로 편다.

2 1에 페타 치즈를 뿌린 다음 에어 프라이어에 넣고 온도는 200℃, 시간은 8분으로 설정해 조리한다. 5분째에 뒤집는다.

3 5분간 식힌 뒤 치즈 스틱 모양으로 자른다. 식기 전에 먹는다.

영양분(1인분)

칼로리	지방	단백질	탄수화물	식이섬유
369Kcal	21.5g	35.7g	2.2g	0.0g

페퍼로니 치킨 피자

준비 시간 10분
조리 시간 15분

이번에 소개할 요리는 단백질이 풍부한 피자랍니다. 온 가족이 맛있게 먹고 단백질도 듬뿍 섭취할 수 있어요.

재료 | 4인분

익혀서 깍둑썰기한 닭가슴살 2컵
페퍼로니 20장
피자 소스 1컵
슈레드 모차렐라 치즈 1컵
파르메산 치즈 가루 1/4컵

1 내열성 그릇(1L)에 닭고기, 페퍼로니, 피자 소스를 넣고 젓는다.

2 1에 모차렐라 치즈, 파르메산 치즈 가루를 뿌린 다음 에어 프라이어에 넣는다.

3 온도는 190℃, 시간은 15분으로 설정해 조리한다.

4 겉면이 갈색빛을 띠면 완성. 곧바로 먹는다.

영양분(1인분)

칼로리	지방	단백질	탄수화물	식이섬유
353Kcal	17.4g	34.4g	7.5g	1.0g

피자 소스
기본 피자 소스는 토마토가 주가 됩니다. 토마토 페이스트와 양파, 마늘, 파슬리 등이 주재료예요.

치킨 파히타

준비 시간 10분
조리 시간 15분

치킨 파히타로 멕시코풍 식사를 해보세요. 아보카도나 사워크림 혹은 좋아하는 재료를 토핑하면 더 맛있답니다. 앞서 소개한 돼지 껍질 과자 토르티야와 함께 드세요!

재료 | 2인분

닭가슴살 300g(0.5cm 두께로 길게 채 썬 것)
녹인 코코넛오일 2큰술
칠리 파우더 1큰술
커민 가루 1/2작은술
파프리카 가루 1/2작은술
마늘 가루 1/2작은술
채 썬 양파 1/4개
채 썬 피망 1/2개
채 썬 빨간 파프리카 1/2개

1 큰 볼에 닭고기, 코코넛오일을 넣고 칠리 파우더, 커민 가루, 파프리카 가루, 마늘 가루를 뿌린다. 양념이 골고루 묻도록 잘 버무린 다음 에어 프라이어에 넣는다.

2 온도는 175℃, 시간은 15분으로 설정해 조리한다.

3 7분 남았을 때 양파, 피망, 파프리카를 2에 넣는다.

4 조리 중간에 2~3회 흔들어 섞어준다. 채소는 부드럽고 닭고기는 노릇하게 익으면 완성. 식기 전에 먹는다.

영양분(1인분)

칼로리	지방	단백질	탄수화물	식이섬유
326Kcal	15.9g	33.5g	8.4g	3.2g

치킨 패티

준비 시간 15분
조리 시간 12분

돼지 껍질 과자를 넣은 닭고기 육즙이 흐르는 치킨 패티를 만들어보세요. 일반 햄버거 패티와 다르게 탄수화물은 적고 온 가족이 좋아할 맛이랍니다. 조리가 간편하고 냉동 보관하기도 편해요.

재료 | 4인분

간 닭 넓적다리 살 450g
슈레드 모차렐라 치즈 1/2컵
말린 파슬리 1작은술
마늘 가루 1/2작은술
양파 가루 1/4작은술
달걀 1개(큰 것)
곱게 간 돼지 껍질 과자 55g

냉동 보관도 OK!

패티를 미리 만들어서 얼려두면 먹기 편합니다. 종이 포일에 싸서 2시간 얼린 뒤 용기에 담아 냉동 보관하세요. 얼려둔 패티를 요리할 때는 에어 프라이어 조리 시간을 5~7분만 추가로 설정하면 된답니다.

1 큰 볼에 닭고기, 모차렐라 치즈, 파슬리, 마늘 가루, 양파 가루를 넣어 섞는다. 이걸로 4장의 패티를 만든다.

2 1을 냉동실에 15~20분간 넣어둔다.

3 적당한 크기의 볼에 달걀을 풀고, 큰 볼에 돼지 껍질 과자를 넣는다.

4 2를 3의 달걀물에 담갔다가 돼지 껍질 과자에 넣어 튀김옷을 입힌 다음 에어 프라이어에 넣는다.

5 온도는 180℃, 시간은 12분으로 설정해 조리한다.

6 패티가 다 익으면 완성. 곧바로 먹는다.

영양분(1인분)

칼로리	지방	단백질	탄수화물	식이섬유
304Kcal	17.4g	32.7g	0.9g	0.1g

그리스풍 닭볶음

준비 시간 15분
조리 시간 15분

간단하고 편한 레시피로 점심 식사를 뚝딱! 콜리플라워와 함께 먹으면 포만감이 더 커진답니다.

재료 | 2인분

깍둑 썬 닭가슴살 1개(170g)
깍둑 썬 애호박 1/2개
깍둑 썬 빨간 파프리카 1/4개
채 썬 자색 양파 1/4개
코코넛오일 1큰술
말린 오레가노 1작은술
마늘 가루 1/2작은술
말린 타임 1/4작은술

1 큰 볼에 모든 재료를 넣고 잘 섞는다. 코코넛오일이 고루 섞이면 에어 프라이어에 넣는다.

2 온도는 190℃, 시간은 15분으로 설정해 조리한다.

3 조리 중간에 흔들어 섞어준다. 곧바로 먹는다.

영양분(1인분)

칼로리	지방	단백질	탄수화물	식이섬유
186Kcal	8.0g	20.4g	5.6g	1.7g

시금치 페타 치즈 치킨 볼

준비 시간 10분
조리 시간 12분

단백질 함량이 높은 닭고기와 식이섬유가 가득한 시금치. 여기에 칼슘 덩어리인 페타 치즈로 근사한 한 끼 식사를 만들어봐요!

재료 | 4인분

간 닭 넓적다리 살 450g
데친 시금치 1/3컵(물기를 제거한 것)
간 페타 치즈 1/3컵
양파 가루 1/4작은술
마늘 가루 1/2작은술
곱게 간 돼지 껍질 과자 15g

1 큰 볼에 모든 재료를 넣고 섞는다. 이것을 5cm 크기의 미트볼로 만든 다음 에어 프라이어에 넣는다.

2 온도는 175℃, 시간은 12분으로 설정해 조리한다.

3 완성되면 곧바로 먹는다.

영양분(1인분)

칼로리	지방	단백질	탄수화물	식이섬유
220Kcal	12.2g	24.1g	1.5g	0.4g

이탈리아풍 치킨 구이

준비 시간 5분
조리 시간 20분

닭의 넓적다리는 키토제닉 다이어트 중 가장 많이 찾게 되는 식자재입니다. 지방이 풍부해 포만감도 크죠. 에어 프라이어로 이탈리아풍 치킨 요리를 만들어봐요.

재료 | 2인분

닭다리 4개(넓적다리 포함)
녹인 무염 버터 2큰술
말린 파슬리 1작은술
말린 바질 1작은술
마늘 가루 1/2작은술
양파 가루 1/4작은술
말린 오레가노 1/4작은술

1 닭의 넓적다리 살에 버터를 바르고 향신료 재료들을 뿌린 다음 에어 프라이어에 넣는다.

2 온도는 190℃, 시간은 20분으로 설정해 조리한다.

3 껍질이 바삭하게 익으면 완성. 식기 전에 먹는다.

영양분(1인분)

칼로리	지방	단백질	탄수화물	식이섬유
596Kcal	30.9g	68.3g	1.2g	0.4g

딥을 곁들여도 좋아요

토마토 살사를 곁들여보세요. 토마토 살사는 토마토, 양파, 양배추 등 자투리 채소를 작게 잘라 넣고 소금·후춧가루, 애플 사이더 비네거, 올리브오일, 파슬리를 섞어 반들어요.

Chapter

5

소고기 & 돼지고기 요리

Beef & Pork Main Dishes

소고기, 돼지고기는 어떻게 요리해 먹어도 맛있죠. 에어 프라이어에 요리하면 더 맛이 좋고 돼지갈비도 몇 분 만에 만들 수 있답니다. 베이컨 치즈버거 캐서롤부터 돼지갈비까지 소고기, 돼지고기만 있으면 단백질, 지방이 풍부한 많은 요리가 가능합니다. 이번 장에서 소개하는 요리를 마스터 하면 나도 일류 요리사!

미니 미트로프

준비 시간 10분
조리 시간 25분

서양 영화에서 자주 등장하는 음식이죠? 채소와 함께 오븐에 구운 미트로프입니다. 채소와 함께 먹으니 다양한 영양소를 채울 수 있을 뿐 아니라 고기의 맛도 배가됩니다.

재료 | 6인분

간 소고기 450g
깍둑 썬 양파 1/4개
깍둑 썬 초록 피망 1/2개
달걀 1개(큰 것)
고운 아몬드 가루 3큰술
우스터 소스 1큰술
마늘 가루 1/2작은술
말린 파슬리 1작은술
토마토 페이스트 2큰술
물 1/4컵
에리스리톨 파우더 1큰술

1 큰 볼에 소고기, 양파, 피망, 달걀, 아몬드 가루를 넣는다. 여기에 우스터소스, 마늘 가루, 파슬리를 추가하고 잘 섞는다.

2 1을 둘로 나누어서 10cm 지름의 내열성 그릇 2개에 각각 담는다.

3 작은 볼에 토마토 페이스트, 물, 에리스리톨 파우더를 넣고 섞은 다음 2에 반씩 나누어 올린다.

4 3을 에어 프라이어에 그릇째 넣는다.

5 온도는 175℃, 시간은 25분으로 설정해 조리한다.

6 식기 전에 먹는다.

영양분(1인분)

칼로리	지방	단백질	탄수화물	식이섬유
170Kcal	9.4g	14.9g	5.0g	0.9g

초리조 소고기 햄버그스테이크

준비 시간 10분
조리 시간 15분

소고기 햄버그스테이크에 스페인 소시지 초리조를 넣어볼까요? 단 몇 분이면 육즙 가득한 햄버그스테이크가 완성됩니다. 햄버거가 먹고 싶다면 앞에서 만들어본 아마씨 모닝빵에 넣어보세요. 나만의 수제 햄버거를 만들어요.

재료 | 4인분

간 소고기 350g
초리조 110g
다진 양파 1/4컵
채 썬 할라피뇨 피클 5개
칠리 파우더 2작은술
간 마늘 1작은술
커민 가루 1/4작은술

1 큰 볼에 모든 재료를 넣고 잘 섞어 반죽한다. 이를 4등분하여 패티 모양으로 만든다.

2 1을 에어 프라이어에 넣는다.

3 온도는 190℃, 시간은 15분으로 설정해 조리한다.

4 조리 중간에 뒤집는다. 식기 전에 먹는다.

영양분(1인분)

칼로리	지방	단백질	탄수화물	식이섬유
291Kcal	18.3g	21.6g	4.7g	0.9g

바삭한 브라트부르스트

준비 시간 5분
조리 시간 15분

바비큐를 하는 대신 소시지를 구우면 어떨까요? 친구들과 함께 먹으면 더 맛있답니다. 겉은 바삭, 속은 촉촉한 브라트부르스트(독일식 소시지)로 즐거운 시간을 보낼 수 있어요.

재료 | 4인분

소고기 브라트부르스트 4개
(85g짜리)

1 브라트부르스트를 에어 프라이어에 넣는다.

2 온도는 190℃, 시간은 15분으로 설정해 조리한다.

3 식기 전에 먹는다.

영양분(1인분)

칼로리	지방	단백질	탄수화물	식이섬유
286Kcal	24.8g	11.8g	0.0g	0.0g

피망 타코

준비 시간 15분
조리 시간 15분

키토제닉 다이어트 중에도 토르티야에 고기 등을 듬뿍 넣어 먹는 멕시코 전통 요리 타코를 즐길 수 있어요. 단, 토르티야 대신 피망을 이용해 더 영양가 있고 맛 좋은 타코를 만들어봐요.

재료 | 4인분

간 소고기 450g
칠리 파우더 1큰술
커민 가루 2작은술
마늘 가루 1작은술
소금 1작은술
후춧가루 1/4작은술
토마토 칠리 통조림 280g
피망 2개
채 썬 몬테레이잭 치즈 1컵

1 적당한 크기의 팬을 중간 불에 올리고 소고기를 7~10분간 볶는다. 다 익으면 팬의 기름을 제거한다.

2 1에 칠리 파우더, 커민 가루, 마늘 가루, 소금, 후춧가루를 뿌리고 토마토 칠리 통조림을 넣는다. 3~5분간 더 볶는다.

3 피망은 반으로 자르고 속을 비운다. 2를 각각의 피망 속에 채우고 몬테레이잭 치즈를 1/4컵씩 올린 다음 에어 프라이어에 넣는다.

4 온도는 175℃, 시간은 15분으로 설정해 조리한다.

5 치즈가 갈색빛을 띠면 완성. 식기 전에 먹는다.

영양분(1인분)

칼로리	지방	단백질	탄수화물	식이섬유
346Kcal	19.1g	27.8g	10.7g	3.5g

이탈리아풍 피망 파퍼

준비 시간 15분
조리 시간 15분

이탈리아 허브와 향신료는 피망과의 궁합도 아주 좋답니다. 돼지고기에 치즈, 파슬리, 토마토까지 근사한 한 끼 식사를 즐기세요.

재료 | 4인분

소금·후추로 밑간한 간 돼지고기 450g
마늘 가루 1/2작은술
말린 파슬리 1/2작은술
깍둑 썬 토마토 1개
다진 양파 1/4컵
초록 피망 4개
슈레드 모차렐라 치즈 1컵

1 적당한 크기의 팬을 중간 불에 올려 돼지고기를 7~10분간 굽는다. 다 익으면 팬의 기름기를 제거한다.

2 1에 마늘 가루, 파슬리, 토마토, 양파를 넣고 3~5분간 볶는다.

3 피망은 반으로 자르고 속을 비운다. 2를 각각의 피망 속에 채우고 모차렐라 치즈를 올린 다음 에어 프라이어에 넣는다.

4 온도는 175℃, 시간은 15분으로 설정해 조리한다.

5 치즈가 갈색빛을 띠면 완성. 식기 전에 먹는다.

영양분(1인분)

칼로리	지방	단백질	탄수화물	식이섬유
358Kcal	24.1g	21.1g	11.3g	2.6g

베이컨 치즈버거 캐서롤

준비 시간 15분
조리 시간 20분

시간은 없지만 근사한 저녁 식사를 하고 싶을 때 캐서롤만 한 메뉴가 없죠. 모든 재료를 섞어서 에어 프라이어에 넣기만 하면 끝! 오늘 만드는 베이컨 치즈버거 캐서롤은 시간을 절약해 줄 뿐만 아니라 맛까지 완벽하답니다.

재료 | 4인분

간 소고기 450g
다진 양파 1/4개
슈레드 체더치즈 1컵
달걀 1개(큰 것)
구운 베이컨 4줄
미니 오이 피클 1~2개

1 적당한 크기의 팬을 중간 불에 올리고 소고기를 7~10분간 볶는다. 다 익으면 소고기를 큰 볼에 옮기고 팬의 기름기를 제거한다.

2 1에 양파, 체더치즈 1/2컵, 달걀, 베이컨을 넣고 잘 섞는다.

3 2를 내열성 그릇(1L)에 붓고 남은 체더치즈를 올린 다음 에어 프라이어에 넣는다.

4 온도는 190℃, 시간은 20분으로 설정해 조리한다.

5 캐서롤이 금빛을 띠면 완성. 오이 피클을 곁들여 곧바로 먹는다.

영양분(1인분)

칼로리	지방	단백질	탄수화물	식이섬유
369Kcal	22.6g	31.0g	1.2g	0.2g

데커레이션을 위해 오이 피클을 통째로 올렸어요. 먹을 때는 피클을 다져 뿌려 먹는 것이 간편해요!

수제 버거

준비 시간 10분
조리 시간 10분

식당에서 내놓아도 손색없는 수제 버거 만들기. 한번 맛보면 사 먹는 버거는 눈에 들어오지도 않을 거예요. 더 맛있고 질 좋은 버거를 집에서 직접 만들어보세요.

재료 | 4인분

간 소고기(채끝 또는 등심) 450g
소금 1/2작은술
후춧가루 1/4작은술
녹인 가염 버터 2큰술
마요네즈 1/2컵
스리라차 소스 2작은술
마늘 가루 1/4작은술
양상추 8잎
베이컨 양파 링(3장 참조) 4개
오이 피클 8조각

1 적당한 크기의 볼에 고기, 소금, 후춧가루를 넣어 섞는다.

2 1을 4등분하여 패티 4장을 만든 다음 버터를 발라 에어 프라이어에 넣고 온도는 190℃, 시간은 10분으로 설정해 조리한다.

3 조리 중간에 뒤집는다. 취향에 따라 시간을 조절한다.

4 작은 볼에 마요네즈, 스리라차 소스, 마늘 가루를 넣고 섞는다.

5 양상추에 3의 패티를 올리고 양파 링, 오이 피클로 토핑한다. 4의 소스를 뿌리고 양상추로 싼다. 식기 전에 먹는다.

영양분(1인분)

칼로리	지방	단백질	탄수화물	식이섬유
442Kcal	34.9g	22.3g	4.1g	0.8g

풀드포크

준비 시간 10분
조리 시간 2시간 30분

입안에 넣으면 살살 녹는 풀드포크만큼 부드러운 고기는 없죠. 원래 풀드포크는 만드는 데 시간이 꽤 걸리는 음식입니다. 하지만 만들어 두면 두루두루 활용도가 높아요. 취향에 맞는 소스를 곁들이면 정말 맛있어요.

재료 | 8인분

칠리 파우더 2큰술
마늘 가루 1작은술
양파 가루 1/2작은술
후춧가루 1/2작은술
커민 가루 1/2작은술
돼지 목살 1.8kg

1 작은 볼에 칠리 파우더, 마늘 가루, 양파 가루, 후춧가루, 커민 가루을 넣고 섞는다. 이 양념을 돼지 목살에 잘 바른 뒤 에어 프라이어에 넣는다.

2 온도는 175℃, 시간은 150분으로 설정해 조리한다.

3 겉은 바삭하고 부드럽게 찢어지는 고기가 완성. 다 익은 고기는 60℃ 정도로 뜨거우니 먹을 때 조심한다.

영양분(1인분)

칼로리	지방	단백질	탄수화물	식이섬유
537Kcal	35.5g	42.6g	1.5g	0.8g

풀드포크는 바비큐 소스와 아주 잘 어울려요. 소스 없이 먹으려면 소금 간을 추가해주세요.

바비큐 폭립

준비 시간 5분
조리 시간 25분

이 메뉴 하나면 일류 셰프!

재료 I 4인분

돼지 등갈비 900g
칠리 파우더 2작은술
파프리카 가루 1작은술
양파 가루 1/2작은술
마늘 가루 1/2작은술
카옌페퍼 가루 1/4작은술
바비큐 소스 1/2컵

1 가루 재료와 바비큐 소스를 섞어 돼지 등갈비에 바른 다음 에어 프라이어에 넣는다.

2 온도는 200℃, 시간은 25분으로 설정해 조리한다.

3 돼지 등갈비가 어두운 색을 띠면 완성. 다 익은 고기는 90℃ 정도로 뜨거우니 조심한다. 식기 전에 먹는다.

영양분(1인분)

칼로리	지방	단백질	탄수화물	식이섬유
650Kcal	51.5g	40.1g	3.6g	0.8g

베이컨 핫도그

준비 시간 5분
조리 시간 10분

온 가족이 편하게 먹기 좋은 핫도그! 베이컨으로 싸기 전에 치즈를 넣으면 더 맛있어져요.

재료 I 4인분

핫도그용 소고기 소시지 4개
베이컨 4줄

1 소고기 소시지를 베이컨으로 싼다. 이쑤시개로 고정하고 에어 프라이어에 넣는다.

2 온도는 190℃, 시간은 10분으로 설정해 조리한다.

3 조리 중간에 뒤집는다. 베이컨이 바삭해지면 완성. 식기 전에 먹는다.

영양분(1인분)

칼로리	지방	단백질	탄수화물	식이섬유
197Kcal	15.0g	9.2g	1.3g	0.0g

포크촙

준비 시간 5분
조리 시간 15분

에어 프라이어로 가장 만들기 쉬운 요리, 포크촙! 에어 프라이어로 익히면 겉은 바삭하고 속은 촉촉한 포크촙이 금세 완성됩니다. 이제 조금만 기다리세요!

재료 | 2인분

칠리 파우더 1작은술
마늘 가루 1/2작은술
커민 가루 1/2작은술
후춧가루 1/4작은술
말린 오레가노 1/4작은술
돼지갈비 살(또는 목살) 220g
무염 버터 2큰술

1 작은 볼에 칠리 파우더, 마늘 가루, 커민 가루, 후춧가루, 오레가노를 섞는다.

2 1을 돼지갈비 살에 바른 다음 에어 프라이어에 넣는다.

3 온도는 200℃, 시간은 15분으로 설정해 조리한다.

4 다 익은 고기는 60℃ 정도로 뜨거우니 조심한다. 버터를 올려서 식기 전에 먹는다.

더 맛있게 즐기는 팁!

다양한 시즈닝을 사용해 보세요. 시중에서 파는 다양한 시즈닝에 도전해 보아도 좋지만 설탕이 들어간 것은 피해야 합니다.

영양분(1인분)

칼로리	지방	단백질	탄수화물	식이섬유
313Kcal	22.6g	24.4g	1.8g	0.7g

꽃등심 스테이크

준비 시간 5분
조리 시간 45분

맛있는 꽃등심(립아이) 스테이크는 겉은 그을리듯 익히지만 속은 촉촉하며 육즙이 흐르죠. 꽃등심 스테이크를 집에서 만들 수 있다니! 이 레시피는 미디움으로 익히는 경우입니다. 시간을 조절하면 취향대로 레어 혹은 웰던 스테이크를 만들 수 있어요.

재료 | 2인분

꽃등심 220g
핑크 히말라야 소금 1/4작은술
후춧가루 1/4작은술
코코넛오일 1큰술
가염 버터 1큰술
마늘 가루 1/4작은술
말린 파슬리 1/2작은술
말린 오레가노 1/4작은술

시간이 부족할 때는

에어 프라이어 온도를 200℃, 시간은 10~15분으로 설정하세요. 취향에 따라 고기 구움 정도를 조절하면 됩니다. 조리 중간에 뒤집어주는 것도 잊지 마세요.

1 꽃등심에 소금, 후춧가루를 문질러 밑간한 다음 에어 프라이어에 넣는다.

2 온도는 120℃, 시간은 45분으로 설정해 조리한다. 취향에 따라 시간을 조절해 고기를 덜 익히거나 더 익힌다.

3 적당한 크기의 팬을 중간 불에 올려 예열한 뒤 코코넛오일을 넣는다. 코코넛오일이 뜨거워지면 2의 스테이크을 올려 겉면과 옆면을 갈색으로 익힌다.

4 작은 볼에 버터, 마늘 가루, 파슬리, 오레가노를 넣고 섞는다.

5 3의 스테이크에 4를 올려서 먹는다.

영양분(1인분)

칼로리	지방	단백질	탄수화물	식이섬유
377Kcal	30.7g	22.6g	0.6g	0.2g

소시지 크루아상 핫도그

준비 시간 10분
조리 시간 7분

아이들도 좋아할 핫도그. 에어 프라이어만 있으면 만들기도 아주 쉽답니다. 100% 소고기 소시지를 사용해서 몸에 좋은 핫도그를 만들어보세요.

재료 I 2인분

슈레드 모차렐라 치즈 1/2컵
고운 아몬드 가루 2큰술
크림치즈 30g
핫도그용 훈제 소고기 소시지 2개
참깨 1/2작은술

영양 성분을 꼭 확인하세요!
시중에서 다양한 소시지를 판매하는데 가격은 싸지만 탄수화물 함량이 높은 제품도 있어요. 소고기 함량이 100%이고 설탕이나 글루텐이 함유되지 않은 제품을 구매해야 해요. 키토제닉 다이어트에 적합한 제품을 선택해 맛과 건강을 한꺼번에 챙기세요!

1 큰 볼에 모차렐라 치즈, 아몬드 가루, 크림치즈를 넣고 전자레인지에 45초간 데운다. 이를 동그랗게 반죽해서 둘로 나눈다.

2 1을 가로 10cm, 세로 13cm 크기로 펴준다. 여기에 소시지를 올리고 돌돌 만 다음 그 위에 참깨를 뿌린다.

3 2를 에어 프라이어에 넣는다.

4 온도는 200℃, 시간은 7분으로 설정해 조리한다.

5 겉면이 금빛을 띠면 완성. 곧바로 먹는다.

영양분(1인분)

칼로리	지방	단백질	탄수화물	식이섬유
405Kcal	32.2g	17.5g	2.9g	0.8g

소고기 브로콜리 볶음

준비 시간 1시간
조리 시간 20분

에어 프라이어로 볶음 요리까지 할 수 있답니다. 조리 중간에 한 번씩 흔들어주어 맛있는 볶음 요리를 만들어보세요.

재료 | 2인분

얇게 썬 채끝 또는 등심 220g
진간장 2큰술
생강가루 1/4작은술
곱게 간 마늘 1/4작은술
코코넛오일 1큰술
브로콜리 2컵
고춧가루 1/4작은술
잔탄검 1/8작은술
참깨 1/2작은술

1 큰 볼에 고기, 진간장, 생강가루, 마늘, 코코넛오일을 넣고 섞은 다음 1시간 동안 냉장 숙성시킨다.

2 숙성이 끝나면 고기를 꺼내 에어 프라이어에 넣는다.

3 온도는 160℃, 시간은 20분으로 설정해 조리한다.

4 10분이 지나면 브로콜리, 고춧가루를 넣고 섞어준다.

5 고기를 숙성시켰던 양념을 팬에 넣고 중간 불에 올린다. 끓기 시작하면 불을 줄이고 잔탄검을 넣어 걸쭉하게 만든다.

6 완성된 4를 5에 넣고 잘 섞는다. 참깨를 뿌리고 먹는다.

영양분(1인분)

칼로리	지방	단백질	탄수화물	식이섬유
342Kcal	18.9g	27.0g	9.6g	2.7g

멕시코풍 엠파나다

준비 시간 15분
조리 시간 10분

라틴계에서 즐기는 멕시코풍의 엠파나다를 소개해요. 좋아하는 소스에 찍어 먹어보세요.

재료 | 4인분, 1인분 1개

간 소고기 450g
물 1/4컵
깍둑 썬 양파 1/4컵
칠리 파우더 2작은술
마늘 가루 1/2작은술
커민 가루 1/4작은술
슈레드 모차렐라 치즈 1 1/2컵
고운 아몬드 가루 1/2컵
크림치즈 55g
달걀 1개(큰 것)

1 적당한 크기의 팬을 중간 불에 올리고 소고기를 7~10분간 볶는다. 팬의 기름기를 제거한다.

2 1에 물, 양파를 넣고 볶는다. 칠리 파우더, 마늘 가루, 커민 가루을 추가하고 불을 줄여서 3~5분간 볶는다.

3 큰 볼에 모차렐라 치즈, 아몬드 가루, 크림치즈를 넣고 전자레인지에 1분간 데운 다음 반죽하여 도우를 만든다.

4 종이 포일을 깔고 3을 0.5cm 두께로 펴서 4등분한 다음 2를 1/4씩 올리고 돌돌 말아 납작한 만두 형태로 만든다.

5 작은 볼에 달걀을 풀어 4에 바른다.

6 에어 프라이어에 종이 포일을 깔고 5를 넣는다.

7 온도는 200℃, 시간은 10분으로 설정해 조리한다.

8 조리 중간에 뒤집는다. 식기 전에 먹는다.

도우 만들기

모차렐라 치즈로 도우를 만드는 건 쉽지 않아요. 하지만 잘만 만들면 피자 크러스트부터 디저트까지 정말 다양한 빵을 만들 수 있답니다. 반죽이 굳어지면 손에 미지근한 물을 묻혀서 다시 해보세요.

영양분(1인분)

칼로리	지방	단백질	탄수화물	식이섬유
463Kcal	30.8g	33.3g	6.5g	2.2g

비프 타코 롤

준비 시간 20분
조리 시간 10분

멕시코풍의 한 끼 식사를 즐겨보세요. 살사 소스, 사워크림, 과카몰리와 함께 먹으면 더 맛있답니다.

재료 | 4인분

간 소고기 220g
물 1/3컵
칠리 파우더 1큰술
커민 가루 2작은술
마늘 가루 1/2작은술
말린 오레가노 1/4작은술
토마토 칠리 통조림 1/4컵
다진 고수 2큰술
슈레드 모차렐라 치즈 1 1/2컵
고운 아몬드 가루 1/2컵
크림치즈 55g
달걀 1개(큰 것)

1 적당한 크기의 팬을 중간 불에 올리고 소고기를 넣어 7~10분간 볶는다. 팬의 기름기는 모두 제거한다.

2 1에 물을 붓고 칠리 파우더, 커민 가루, 마늘 가루, 오레가노, 토마토 칠리 통조림을 넣는다. 고수를 올리고 끓기 시작하면 불을 줄여 3분 더 끓인다.

3 큰 볼에 모차렐라 치즈, 아몬드 가루, 크림치즈, 달걀을 넣어 섞고 전자레인지에 1분간 데운다. 빠르게 저어서 반죽한다.

4 종이 포일을 깔고 3을 올려 넓게 편 다음 8등분한다(반죽이 무른 편이니 종이 포일째 자르면 편리하다.).

5 4에 2를 올리고 브리토처럼 돌돌 말아준다(종이 포일째 돌돌 말아 끝쪽만 붙여준다.).

6 종이 포일을 깐 에어 프라이어에 5를 넣은 다음 온도는 180℃, 시간은 10분으로 설정해 조리한다. 조리 중간에 뒤집는다.

7 완성된 롤은 10분간 식힌 뒤 먹는다.

영양분(1인분)

칼로리	지방	단백질	탄수화물	식이섬유
380Kcal	26.5g	24.8g	7.0g	2.5g

소고기 안심 스테이크

준비 시간 10분
조리 시간 25분

버터 향, 후추 향이 가득한 안심 스테이크를 만들어보세요. 기분 내고 싶을 때 근사한 한 끼가 됩니다.

재료 | 6인분

녹인 가염 버터 2큰술
볶은 간 마늘 2작은술
후춧가루 3큰술
소고기 안심 900g (기름기는 제거할 것)

1 작은 볼에 버터, 마늘을 넣어 섞고 이를 고기에 바른다.

2 후춧가루를 접시에 뿌리고 그 위로 1의 고기를 굴린 다음 에어프라이어에 넣는다.

3 온도는 200℃, 시간은 25분으로 설정해 조리한다.

4 조리 중간에 뒤집는다.

5 10분간 식힌 뒤 먹는다.

영양분(1인분)

칼로리	지방	단백질	탄수화물	식이섬유
289Kcal	13.8g	34.7g	2.5g	0.9g

포크촙 튀김

준비 시간 10분
조리 시간 15분

미국 남부풍 포크촙(돼지갈비) 튀김은 겉이 바삭바삭해야죠! 튀김옷에 밀가루가 안 들어가니 탄수화물 걱정은 하지 마세요. 돼지 껍질 과자만 있으면 바삭하고 탄수화물도 없는 포크촙 튀김이 완성.

재료 | 4인분

곱게 간 돼지 껍질 과자 40g
칠리 파우더 1작은술
마늘 가루 1/2작은술
코코넛오일 1큰술(상온)
돼지갈비 살(또는 목살) 4조각
(110g×4, 2.5cm 정도 두께로 넙적하게 썬 것)

1 큰 볼에 돼지 껍질 과자, 칠리 파우더, 마늘 가루를 넣고 섞어 튀김옷을 만든다.

2 돼지갈비 살에 코코넛오일을 바르고 1에 넣어 튀김옷을 입힌 다음 에어 프라이어에 넣는다.

3 온도는 200℃, 시간은 15분으로 설정해 조리한다.

4 조리 중간에 뒤집는다.

5 겉면이 금빛을 띠면 완성. 다 익은 포크촙 튀김은 60℃ 정도로 뜨거우니 조심한다.

영양분(1인분)

칼로리	지방	단백질	탄수화물	식이섬유
292Kcal	18.5g	29.5g	0.6g	0.3g

라자냐 캐서롤

준비 시간 15분
조리 시간 15분

시간이 없는데 근사한 저녁 식사를 하고 싶다면? 라자냐 캐서롤이면 일류 호텔 셰프의 요리가 부럽지 않아요. 라자냐에 들어가는 밀가루 반죽은 빼버릴 거예요. 그래도 기존에 먹던 라자냐보다 훨씬 맛있답니다.

재료 | 4인분

저탄수화물 파스타 소스 3/4컵
갈아서 익힌 소고기 450g
리코타 치즈 1/2컵
파르메산 치즈 가루 1/4컵
마늘 가루 1/2작은술
말린 파슬리 1작은술
말린 오레가노 1/2작은술
슈레드 모차렐라 치즈 1컵

1. 내열성 그릇에 파스타 소스 1/4컵을 붓고 소고기 1/4을 올린다.
2. 작은 볼에 리코타 치즈, 파르메산 치즈 가루, 마늘 가루, 파슬리, 오레가노를 넣고 섞어 리코타 치즈 믹스를 만든 뒤 절반만 1에 올린다.
3. 모차렐라 치즈 1/3컵을 1에 올린다.
4. 1의 소고기, 2의 리코타 치즈 믹스를 다 쓸 때까지 1, 2, 3번 과정을 반복하여 층층히 쌓되 맨 위에는 모차렐라 치즈를 올린다.
5. 여러 층을 쌓아 만든 라자냐 위에 쿠킹 포일을 덮고 에어 프라이어에 넣는다.
6. 온도는 190℃, 시간은 15분으로 설정해 조리한다.
7. 마지막 2분 남았을 때 쿠킹 포일을 제거한다. 완성되면 바로 먹는다.

더 영양가 있게!
가지를 얇게 썰어서 밀가루 반죽 대신 넣으면 더욱 영양가 높고 포만감도 있는 라자냐가 완성됩니다.

영양분(1인분)

칼로리	지방	단백질	탄수화물	식이섬유
371Kcal	21.4g	31.4g	5.8g	1.6g

파히타 스테이크 롤

준비 시간 20분
조리 시간 15분

평일 저녁 식사도 근사하게! 하루 전날 재료만 챙겨두면 평일 저녁에도 간편하게 파히타 스테이크 롤을 만들어 먹을 수 있어요. 안에 들어가는 재료는 취향대로 넣어보세요. 시금치와 프로볼로네 치즈를 넣어도 좋고, 파르메산 치즈와 아스파라거스를 조합하면 맛있답니다.

재료 | 6인분

무염 버터 2큰술
깍둑 썬 양파 1/4컵
길게 채 썬 빨간 파프리카 1개
길게 채 썬 초록 피망 1개
칠리 파우더 2작은술
커민 가루 1작은술
마늘 가루 1/2작은술
소고기 치마살 900g
(2cm 내외의 두께로 준비)
페퍼잭 치즈 슬라이스 4장(총 110g)

1 적당한 크기의 팬을 중간 불에 올리고 버터를 넣어 녹인다. 여기에 양파, 파프리카, 피망을 넣어 볶고 칠리 파우더, 커민 가루, 마늘 가루를 뿌린다. 피망이 완전히 익을 때까지 볶는다(5~7분).

2 도마에 소고기를 펴놓고 1을 쌓듯 올린다. 그 위로 페퍼잭 치즈 슬라이스를 쌓는다.

3 2의 고기를 돌돌 말아준다. 이쑤시개를 이용해 고정한 다음 에어 프라이어에 넣는다.

4 온도는 200℃, 시간은 15분으로 설정해 조리한다.

5 조리 중간에 뒤집는다. 취향에 따라 1~4분 더 익히도록 한다.

6 완성된 스테이크 롤은 15분간 식히고 6등분한다. 완전히 식기 전에 먹는다.

영양분(1인분)

칼로리	지방	단백질	탄수화물	식이섬유
439Kcal	26.6g	38.0g	3.7g	1.2g

돼지 목살 샐러드

준비 시간 15분
조리 시간 8분

다이어트 중에 채소의 중요성은 두말할 필요도 없죠. 필수 영양분이 가득한 채소를 꼭 챙겨 먹어야 해요. 샐러드에 돼지 목살을 더해서 단백질도 풍부한 요리를 만들어보세요. 매일 먹어도 질리지 않을 포크촙 샐러드!

재료 I 2인분

적당한 크기로 썬 돼지 목살 220g
코코넛오일 1큰술
칠리 파우더 2작은술
파프리카 가루 1작은술
마늘 가루 1/2작은술
양파 가루 1/4작은술
먹기 좋게 썬 로메인 상추 4컵
깍둑 썬 토마토 1개
아보카도 1개(껍질, 씨는 미리 제거)
랜치 드레싱 1/4컵
다진 고수 1큰술(선택)

1 큰 볼에 돼지 목살을 넣고 코코넛오일을 뿌린다. 칠리 파우더, 파프리카 가루, 마늘 가루, 양파 가루를 추가해 잘 버무린 다음 에어 프라이어에 넣는다.

2 온도는 200℃, 시간은 8분으로 설정해 조리한다.

3 고기가 바삭하게 익어 금빛을 띠면 완성.

4 큰 볼에 로메인 상추, 토마토, 아보카도와 함께 3을 넣고 섞는다. 그 위로 랜치 드레싱을 뿌리고 다시 한 번 잘 섞는다.

5 마지막으로 취향에 따라 고수를 올려 곧바로 먹는다.

영양분(1인분)

칼로리	지방	단백질	탄수화물	식이섬유
526Kcal	37.0g	34.4g	13.8g	8.6g

바비큐 대왕 미트볼

준비 시간 10분
조리 시간 14분

그냥 미트볼이 아니에요! 향도 좋고 맛도 좋은 대왕 미트볼을 만들어보세요.

재료 | 4인분

간 소고기 450g
간 돼지고기 110g
(소금, 후추로 밑간한 것)
달걀 1개(큰 것)
양파 가루 1/4작은술
마늘 가루 1/2작은술
말린 파슬리 1작은술
구워서 다진 베이컨 4줄
다진 양파 1/4컵
다진 할라피뇨 피클 1/4컵
바비큐 소스 1/2컵

1 큰 볼에 소고기, 돼지고기, 달걀을 넣고 섞는다.

2 1에 바비큐 소스를 제외한 나머지 재료를 넣고 반죽한다.

3 2의 반죽을 8개로 분할하여 둥글게 빚은 다음 종이 포일에 올려 에어 프라이어에 넣는다.

4 온도는 200℃, 시간은 14분으로 설정해 조리한다.

5 조리 중간에 뒤집는다.

6 미트볼이 갈색빛을 띠면 완성. 금방 꺼낸 미트볼은 80℃ 정도로 뜨거우니 조심한다.

7 바비큐 소스를 뿌려서 식기 전에 먹는다.

영양분(1인분)

칼로리	지방	단백질	탄수화물	식이섬유
336Kcal	19.5g	28.1g	4.4g	0.4g

Chapter

6

생선 & 해산물 요리

Fish & Seafood Main Dishes

이 장에서는 바다 향을 그대로 느낄 수 있는 레시피를 소개합니다. 생선에는 오메가3 지방산이 풍부하여 항염 작용 및 심장 건강에 좋아요. 동시에 단백질도 많아 근 성장에도 도움이 된답니다. 까다로운 요리법과 비린내 때문에 꺼렸다면 어에 프라이어로 간단히 해결할 수 있어요. 참치 튀김 샐러드부터 입안에서 톡톡 튀는 새우 요리까지. 이번 장이 끝날 때쯤이면 해산물 요리의 대가가 되어 있을 거예요.

레몬, 마늘 향이 가득한 새우 구이

준비 시간 5분
조리 시간 6분

레몬과 마늘은 어느 해산물과 함께 내놔도 잘 어울립니다. 간단한 재료이면서 음식에 향을 입혀줘 맛을 배로 좋게 만들죠. 호박 국수를 곁들이면 더 맛있답니다.

재료 | 2인분

레몬 1개
손질한 새우 220g
녹인 무염 버터 2큰술
올드베이 시즈닝 1/2작은술
간 마늘 1/2작은술

올드베이 시즈닝
정향, 생강, 고추, 겨자, 파프리카, 후추 등을 혼합한 가루로 해산물 요리에 특히 잘 어울려요.

1 레몬은 껍질을 강판에 갈고 반으로 자른다. 새우는 큰 볼에 넣고 레몬 1/2의 즙을 짜 넣는다.

2 간 레몬 껍질과 나머지 재료들을 1에 넣고 섞는다.

3 15cm 지름의 내열성 그릇에 2를 올린 다음 에어 프라이어에 넣는다.

4 온도는 200℃, 시간은 6분으로 설정해 조리한다.

5 새우가 분홍색을 띠고 껍질이 바삭해지면 완성. 식기 전에 먹는다.

영양분(1인분)

칼로리	지방	단백질	탄수화물	식이섬유
190Kcal	11.8g	16.4g	2.9g	0.4g

연어 케이준

준비 시간 5분
조리 시간 7분

연어는 그냥 먹기엔 심심하죠. 미국 뉴올리언스에서 즐겨 먹는 스타일로 요리해 보세요. 거부할 수 없는 맛의 연어 요리 완성.

재료 | 2인분

껍질 벗긴 연어 살 2개(110g×2)
녹인 무염 버터 2큰술
카옌페퍼 가루 1/8작은술
마늘 가루 1/2작은술
파프리카 가루 1작은술
후춧가루 1/4작은술

1 연어 살에 버터를 바른다.

2 작은 볼에 나머지 재료를 모두 넣고 섞어 1에 바른 다음 에어 프라이어에 넣는다.

3 온도는 200℃, 시간은 7분으로 설정해 조리한다.

4 완성된 연어 케이준은 60℃ 정도로 뜨거우니 조심한다. 곧바로 먹는다.

영양분(1인분)

칼로리	지방	단백질	탄수화물	식이섬유
253Kcal	16.6g	20.9g	1.4g	0.4g

블랙큰드 슈림프

준비 시간 5분
조리 시간 6분

새우에서 나오는 육즙으로 맛이 배가돼요. 그냥 먹어도 맛있고 호박 국수를 곁들여도 일품이랍니다.

재료 | 2인분

손질한 새우 220g
녹인 가염 버터 2큰술
파프리카 가루 1작은술
마늘 가루 1/2작은술
양파 가루 1/4작은술
올드베이 시즈닝 1/2작은술

1 큰 볼에 모든 재료를 넣어 섞고 에어 프라이어에 넣는다.

2 온도는 200℃, 시간은 6분으로 설정해 조리한다.

3 조리 중간에 뒤집는다. 곧바로 먹는다.

영양분(1인분)

칼로리	지방	단백질	탄수화물	식이섬유
192Kcal	11.9g	16.6g	2.5g	0.5g

포일 연어 구이

준비 시간 10분
조리 시간 12분

연어를 포일에 싸서 구우면 채소나 양념의 향이 깊게 배요. 이런 요리는 보통 30분 이상 걸리지만 에어 프라이어만 있다면 짧은 시간에 완성됩니다.

재료 | 2인분

껍질 벗긴 연어 필렛 2개(1개 110g)
녹인 무염 버터 2큰술
마늘 가루 1/2작은술
소금·후춧가루 적당량
레몬 1개
말린 딜 1/2작은술

1. 포일을 두 장 깔고 연어 필렛을 각각 올린다. 그 위로 버터, 마늘 가루, 소금, 후춧가루를 뿌린다.
2. 레몬 1/2개는 강판에 갈아서 1에 뿌린다. 나머지 1/2개는 얇게 썰어서 1에 올린다. 그 위로 딜을 뿌린다.
3. 1의 포일을 잘 여민 다음 에어 프라이어에 넣는다.
4. 온도는 200℃, 시간은 12분으로 설정해 조리한다.
5. 완성된 요리는 60℃ 정도로 뜨거우니 조심한다. 곧바로 먹는다.

포일 활용법

포일만 있으면 깔끔하고 쉽게 요리할 수 있어요. 요리가 완성되면 그대로 포일만 벗겨내고 먹으면 되죠. 레몬 대신 라임을 넣거나 칠리 파우더를 추가하는 등 취향대로 요리해 보세요.

영양분(1인분)

칼로리	지방	단백질	탄수화물	식이섬유
252cal	16.5g	20.9g	1.2g	0.4g

코코넛 슈림프

준비 시간 5분
조리 시간 6분

코코넛 향이 더해져서 달콤하고 바삭한 새우 요리 완성. 스리라차 소스나 바비큐 소스에 찍어 먹으면 일품이에요. 샐러드에 올려 먹으면 완벽한 한 끼 식사가 된답니다.

재료 | 2인분

손질한 새우 220g
녹인 가염 버터 2큰술
올드베이 시즈닝 1/2작은술
코코넛 채 1/4컵

1 큰 볼에 새우, 버터, 올드베이 시즈닝을 넣고 섞는다.

2 1에 코코넛 채를 추가해 잘 섞고 에어 프라이어에 넣는다.

3 온도는 200℃, 시간은 6분으로 설정해 조리한다.

4 조리 중간에 뒤집는다. 곧바로 먹는다.

코코넛을 구매할 때

감미료 등이 추가된 제품을 구입하지 않도록 성분표를 꼭 확인하세요! 설탕이 추가된 것을 구매해도 요리 자체에는 이상 없지만, 설탕 섭취를 늘릴 필요는 없으니까요.

영양분(1인분)

칼로리	지방	단백질	탄수화물	식이섬유
252Kcal	17.8g	16.9g	3.8g	2.0g

피시 핑거

준비 시간 15분
조리 시간 10분

냉동 피시 핑거는 이제 그만! 집에서 직접 만드는 피시 핑거입니다. 이 요리는 냉동 보관이 편하고 탄수화물 함량도 매우 낮죠. 가족들이 좋아할 피시 핑거를 만들어봐요.

재료 | 4인분, 1인분 4개

곱게 간 돼지 껍질 과자 30g
고운 아몬드 가루 1/4컵
올드베이 시즈닝 1/2작은술
코코넛오일 1큰술
달걀 1개(큰 것)
대구 필렛 450g(2cm 두께로 길게 자른 것)

냉동 보관하기

피시 핑거는 미리 만들어서 냉동 보관하기도 편하답니다. 튀김옷을 입힌 상태로 종이 포일로 싸서 2시간 얼린 다음 밀폐 용기에 담아 냉동 보관하세요. 냉동된 피시 핑거를 조리할 때에는 시간을 3~4분 추가로 설정해 주세요.

1 큰 볼에 돼지 껍질 과자, 아몬드 가루, 올드베이 시즈닝, 코코넛오일을 넣고 섞어 튀김옷을 만든다.

2 작은 볼에 달걀을 푼다.

3 대구 필렛을 2에 넣어 달걀옷을 입힌 다음 1에 굴려 튀김옷을 골고루 입힌다.

4 3을 에어프라이어에 넣고 온도는 200℃, 시간은 10분으로 설정해 조리한다.

5 곧바로 먹는다.

영양분(1인분)

칼로리	지방	단백질	탄수화물	식이섬유
205Kcal	10.7g	24.4g	1.6g	0.8g

톡 쏘는 새우

준비 시간 10분
조리 시간 7분

톡 쏘는 맛이 일품! 새우를 사랑하는 사람이라면 꼭 이 요리를 맛봐야 해요. 스리라차 소스로 맛을 냈답니다.

재료 | 4인분

손질한 새우 450g
녹인 가염 버터 2큰술
올드베이 시즈닝 1/2작은술
마늘 가루 1/4작은술
스리라차 소스 2큰술
에리스리톨 파우더 1/4작은술
마요네즈 1/4작은술
후춧가루 1/8작은술

1. 큰 볼에 새우, 버터, 올드베이 시즈닝, 마늘 가루를 넣어 섞은 다음 에어 프라이어에 넣는다.
2. 온도는 200℃, 시간은 7분으로 설정한 다음 조리 중간에 한 번 뒤집는다. 새우가 분홍빛을 띠면 완성.
3. 큰 볼에 스리라차 소스, 에리스리톨 파우더, 마요네즈, 후춧가루를 넣어 섞는다. 여기에 3을 넣어 섞어 먹는다.

영양분(1인분)

칼로리	지방	단백질	탄수화물	식이섬유
143Kcal	6.4g	16.4g	3.0g	0.0g

연어 패티

준비 시간 10분
조리 시간 8분

오메가3 지방산이 풍부한 연어로 패티를 만들어봐요. 양상추에 싸서 먹으면 더 맛있답니다.

재료 | 2인분

익힌 연어 2조각(140g×2)
달걀 1개(큰 것)
곱게 간 돼지 껍질 과자 1/4컵
마요네즈 2큰술
스리라차 소스 2작은술
칠리 파우더 1작은술

1. 큰 볼에 모든 재료를 넣어 섞고 이를 4등분하여 패티 4장을 만든다. 에어 프라이어에 넣는다.
2. 온도는 200℃, 시간은 8분으로 설정한 다음 조리 중간에 한 번 뒤집는다. 패티 겉면이 바삭하게 익으면 완성.

영양분(1인분)

칼로리	지방	단백질	탄수화물	식이섬유
319Kcal	19.0g	33.8g	1.9g	0.5g

포일 랍스터 구이

준비 시간 15분
조리 시간 12분

요즘 많이 파는 랍스터로 근사한 요리를 만들어 저녁 식사 모임을 해보면 어떨까요. 누구에게든 대접하기 좋답니다. 셰프가 만든 음식으로 착각할 정도의 맛! 랍스터에는 신진대사에 좋은 비타민 B가 풍부하답니다.

재료 | 2인분

반으로 가른 랍스터 350g 정도
녹인 가염 버터 2큰술
올드베이 시즈닝 1/2작은술
레몬즙 레몬 1/2개 분량
말린 파슬리 1작은술

1 쿠킹 포일을 깔고 랍스터를 올린다. 그 위로 버터, 올드베이 시즈닝, 레몬즙을 뿌린다.

2 1의 포일을 잘 여민 다음 에어 프라이어에 넣는다.

3 온도는 190℃, 시간은 12분으로 설정해 조리한다.

4 완성된 랍스터에 파슬리를 뿌려 낸다. 곧바로 먹는다.

영양분(1인분)

칼로리	지방	단백질	탄수화물	식이섬유
234Kcal	11.9g	28.3g	0.7g	0.1g

붉은 게 다리 구이

준비 시간 5분
조리 시간 15분

마늘 버터 디핑에 찍어 먹으면 환상적인 맛을 내는 게 다리입니다. 게 다리는 에어 프라이어에 구우면 더 맛이 좋아져요.

재료 | 4인분

게 다리 1.3kg
녹인 가염 버터 1/4컵
마늘 가루 1/4작은술
레몬즙 레몬 1/2개 분량

1 큰 볼에 손질한 게 다리를 넣고 버터 2큰술을 뿌린 뒤 에어 프라이어에 넣는다.

2 온도는 200℃, 시간은 15분으로 설정해 조리한다. (조리 중간에 흔들어준다.)

3 작은 볼에 남은 버터, 마늘 가루, 레몬즙을 넣어 섞는다.

4 완성된 게 다리에서 살만 빼내 4에 찍어 먹는다.

영양분(1인분)

칼로리	지방	단백질	탄수화물	식이섬유
123Kcal	5.6g	15.7g	0.4g	0.0g

매운맛 크랩 딥 소스

준비 시간 10분
조리 시간 8분

매콤한 할라피뇨 피클이 톡 쏘는 맛을 내주는 딥 소스예요. 얇게 썬 오이를 곁들여도 좋아요.

재료 | 4인분

크림치즈 220g
마요네즈 1/4컵
사워크림 1/4컵
레몬즙 1큰술
핫소스 1/2작은술
다진 할라피뇨 피클 1/4컵
채 썬 실파 1/4컵
게살 통조림 2개(170g×2)
슈레드 체더치즈 1/2컵

1 내열성 그릇(1L)에 모든 재료를 넣고 잘 저어서 섞은 다음 에어 프라이어에 넣는다.

2 온도는 200℃, 시간은 8분으로 설정해 조리한다.

3 딥 소스가 끓으면 완성. 식기 전에 먹는다.

영양분(1인분)

칼로리	지방	단백질	탄수화물	식이섬유
441Kcal	33.8g	17.8g	8.2g	0.6g

크랩 케이크

준비 시간 10분
조리 시간 10분

탄수화물 함량은 적고 맛은 배가되는 크랩 케이크를 만들어요. 보통 케이크에는 빵가루를 사용하지만 여기서는 아몬드 가루를 써서 다이어트 중에도 먹을 수 있는 요리랍니다. 빵가루가 없어도 맛은 오히려 더 좋고 조리 방법도 쉬워요.

재료 | 4인분

게살 통조림 2개(170g×2)
고운 아몬드 가루 1/4컵
달걀 1개(큰 것)
마요네즈 2큰술
디종 머스터드 1/2작은술
레몬즙 1/2큰술
다진 초록 피망 1/2개
다진 실파 1/4컵
올드베이 시즈닝 1/2작은술

1 큰 볼에 모든 재료를 넣고 섞어 4등분하여 패티 4개를 만든 다음 에어 프라이어에 넣는다.

2 온도는 175℃, 시간은 10분으로 설정해 조리한다.

3 조리 중간에 뒤집는다. 식기 전에 먹는다.

영양분(1인분)

칼로리	지방	단백질	탄수화물	식이섬유
151Kcal	10.0g	13.4g	2.3g	0.9g

더 맛있는 크랩 케이크

통조림이 아니라 신선한 게살로 만들면 더 맛있답니다.

참치 호박 국수 캐서롤

준비 시간 15분
조리 시간 15분

온 가족이 함께 즐길 수 있는 캐서롤! 주키니 호박으로 만든 면을 더하면 부드럽고 맛있는 식사가 됩니다. 호박으로 만든 국수는 의외로 여러 요리에 잘 어울린답니다.

재료 | 4인분

가염 버터 2큰술
깍둑 썬 양파 1/4컵
다진 송이버섯 1/4컵
다진 셀러리 2줄기
생크림 1/2컵
채소 맛국물 1/2컵
마요네즈 2큰술
잔탄검 1/4작은술
고춧가루 1/2작은술
주키니 호박 2개(국수로 뽑기)
참치 캔 2개(1캔 140g)
곱게 간 돼지 껍질 과자 30g

1 큰 소스 팬을 중간 불에 올리고 버터를 녹인다. 여기에 양파, 송이버섯, 셀러리를 추가해 3~5분간 볶는다.

2 1에 생크림, 채소 맛국물, 마요네즈, 잔탄검을 붓고 불을 줄여 걸쭉해질 때까지 끓인다(약 3분).

3 2에 고춧가루, 주키니 호박 국수, 참치를 넣는다. 불을 끄고 계속 젓는다.

4 내열성 그릇에 3을 붓는다. 그 위로 돼지 껍질 과자를 올리고 쿠킹 포일로 덮은 다음 에어 프라이어에 넣는다.

5 온도는 190℃, 시간은 15분으로 설정하여 조리한다.

6 조리 시간이 3분 정도 남았을 때 쿠킹 포일을 벗긴다. 식기 전에 먹는다.

호박 국수 만들기

스파이럴라이저라는 도구를 쓰면 채소를 국수 형태로 쉽게 썰 수 있어요. 시중에 다양한 크기와 가격의 스파이럴라이저가 있는데 작은 것도 성능은 좋아요.

영양분(1인분)

칼로리	지방	단백질	탄수화물	식이섬유
339Kcal	25.1g	19.7g	6.1g	1.8g

슈림프 스캠피

준비 시간 10분
조리 시간 8분

하와이 여행 가면 누구나 꼭 먹는다는 푸드 트럭의 새우 요리는 모두가 좋아하는 요리죠. 하와이의 푸드 트럭의 새우 요리를 에어 프라이로 만들어 보세요. 촉촉한 속살까지 그대로 느낄 수 있답니다.

재료 | 4인분

가염 버터 4큰술
레몬 1/2개(중간 크기)
간 마늘 구운 것 1작은술
휘핑크림 1/4컵
잔탄검 1/4작은술
고춧가루 1/4작은술
손질한 새우 450g
다진 파슬리 1큰술

1 적당한 크기의 소스 팬을 중간 불에 올리고 버터를 넣어 녹인다. 레몬은 강판에 갈아 소스 팬에 즙을 짜 넣는다. 여기에 마늘을 추가해 볶는다.

2 1에 휘핑크림, 잔탄검, 고춧가루를 넣는다. 걸쭉해질 때까지 젓는다(약 2~3분).

3 내열성 그릇(1L)에 새우를 넣고 2를 붓는다. 쿠킹 포일로 덮은 다음 에어 프라이어에 넣는다.

4 온도는 200℃, 시간은 8분으로 설정해 조리한다.

5 조리 중간에 2회 젓는다.

6 완성된 요리에 파슬리를 뿌려 식기 전에 먹는다.

영양분(1인분)

칼로리	지방	단백질	탄수화물	식이섬유
240Kcal	17.0g	16.7g	2.4g	0.4g

참치 핑거 푸드

준비 시간 10분
조리 시간 7분

아이들도 좋아할 요리를 소개합니다. 맛 좋은 생선과 영양가 넘치는 아보카도의 조합! 아삭한 식감을 느끼며 채소까지 많이 먹을 수 있어요.

재료 | 4인분, 1인분 3개

참치 통조림 1개(280g)
마요네즈 1/4컵
다진 셀러리 1개
으깬 아보카도 1개(껍질, 씨는 미리 제거)
고운 아몬드 가루 1/2컵
코코넛오일 2작은술

1. 큰 볼에 참치, 마요네즈, 셀러리, 아보카도를 섞은 다음 먹기 좋은 크기의 미트볼 형태로 빚는다.
2. 1에 아몬드 가루를 묻히고 코코넛오일을 뿌린 다음 에어 프라이어에 넣는다.
3. 온도는 200℃, 시간은 7분으로 설정해 조리한다.
4. 조리 5분째에 뒤집는다. 식기 전에 먹는다.

영양분(1인분)

칼로리	지방	단백질	탄수화물	식이섬유
323Kcal	25.4g	17.3g	6.3g	4.0g

매콤한 맛을 원할 때
마요네즈에 스리라차 소스 2작은술을 섞어주세요. 스리라차 소스는 고추, 식초, 설탕, 소금 등으로 만드는데 소량 섭취할 경우 다이어트에 문제가 없답니다. 대신 설탕 함량이 적은 제품을 구매해 사용하세요.

대구 할라피뇨 콜슬로 타코

준비 시간 10분
조리 시간 10분

소고기나 닭고기를 넣은 타코는 많이들 먹어봤죠? 콜슬로까지 들어간 다이어트 요리라니, 기대하셔도 좋습니다. 아삭한 양배추에 맛있는 소스, 라임까지! 할라피뇨가 싫으면 다른 재료를 넣으세요.

재료 I 2인분

채 썬 양배추 1컵
사워크림 1/4컵
마요네즈 2큰술
다진 할라피뇨 피클 1/4컵
대구 필렛 2개(85g×2)
칠리 파우더 1작은술
커민 가루 1작은술
파프리카 가루 1/2작은술
마늘 가루 1/4작은술
아보카도 1개(껍질, 씨는 미리 제거)
라임 1/2개

1 큰 볼에 양배추, 사워크림, 마요네즈, 할라피뇨 피클을 넣고 섞어 콜슬로를 만든다. 20분간 냉장 보관한다.

2 대구 필렛에 칠리 파우더, 커민 가루, 파프리카 가루, 마늘 가루를 뿌리고 에어 프라이어에 넣는다.

3 온도는 190℃, 시간은 10분으로 설정해 조리한다.

4 조리 중간에 뒤집는다. 다 구운 대구 필렛은 60℃ 정도로 뜨거우니 조심한다.

5 1을 두 그릇에 나눠 담고 4를 잘게 부수어 올린다. 여기에 아보카도를 올리고 라임즙을 짜준다. 곧바로 먹는다.

영양분(1인분)

칼로리	지방	단백질	탄수화물	식이섬유
342Kcal	25.2g	16.1g	11.7g	6.4g

더 맛있어지는 TIP

에리스리톨과 애플 사이더 비네거를 추가하면 한국인에게 익숙한 맛의 콜슬로를 즐길 수 있어요.

아몬드 페스토 연어 스테이크

준비 시간 5분
조리 시간 12분

아몬드와 연어에는 몸에 좋은 지방이 풍부합니다. 아몬드는 바삭한 식감을 더해 주고 페스토는 연어의 맛을 한껏 끌어올려준답니다. 바질과 연어의 조합도 기대해 보세요.

재료 | 2인분

바질 페스토 1/4컵
으깬 아몬드 1/4컵
연어 필렛 2개(110g×2, 3~4cm 두께)
녹인 무염 버터 2큰술

바질 페스토

바질, 마늘, 올리브오일, 잣, 치즈, 소금, 후추를 섞어 갈아 만든 소스예요.

1 작은 볼에 바질 페스토와 아몬드를 넣고 섞는다.

2 연어 필렛은 16cm 지름의 베이킹 팬에 올린다.

3 2에 버터를 바르고 1을 올린 다음 에어 프라이어에 넣는다.

4 온도는 200℃, 시간은 12분으로 설정해 조리한다.

5 완성된 연어 스테이크는 60℃ 정도로 뜨거우니 조심한다. 식기 전에 먹는다.

영양분(1인분)

칼로리	지방	단백질	탄수화물	식이섬유
433Kcal	34.0g	23.3g	6.1g	2.4g

참깨 참치 스테이크

준비 시간 5분
조리 시간 8분

참치는 무난한 맛이라 누구나 즐기기 좋습니다. 참치 스테이크는 만들기도 쉽고 그동안 먹던 참치 통조림보다 깊은 참치 맛을 느낄 수 있어요. 취향에 따라 웰던–미디움–레어 등 어떻게 구워 먹어도 문제는 없지만 꼭 신선한 참치를 사용하세요.

재료 | 2인분

스테이크용 참치 2개(170g×2)
녹인 코코넛오일 1큰술
마늘 가루 1/2작은술
흰깨 2작은술
검은깨 2작은술

1 참치에 코코넛오일을 바르고 마늘 가루를 뿌린다.

2 큰 볼에 흰깨와 검은깨를 넣고 섞는다. 1의 참치를 넣어 깨를 묻힌 다음 에어 프라이어에 넣는다.

3 온도는 200℃, 시간은 8분으로 설정하여 조리한다.

4 조리 중간에 뒤집는다. 식기 전에 먹는다.

영양분(1인분)

칼로리	지방	단백질	탄수화물	식이섬유
280Kcal	10.0g	42.7g	2.0g	0.8g

매콤한 연어 육포

준비 시간 5분
조리 시간 4시간

소고기 육포가 질릴 때는 연어 육포! 연어에는 몸에 좋은 성분이 가득해서 육포로 만들어 먹어도 일품이랍니다. 샐러드에 올려 먹거나 크림치즈와 함께 애피타이저로 먹어도 좋아요.

재료 | 4인분

연어 450g(껍질과 뼈를 제거한 것)
진간장 1/4컵
훈연액 1/2작은술
후춧가루 1/4작은술
라임즙 라임 1/2개 분량
생강가루 1/2작은술
고춧가루 1/4작은술

1 연어를 길이 10cm, 두께 0.5cm로 썬다.

2 1과 나머지 재료를 모두 밀폐 용기에 담고 잘 섞은 뒤 냉장 보관한다. 2시간 동안 숙성시킨다.

3 2를 에어 프라이어에 넣는다.

4 온도는 60℃, 시간은 4시간으로 설정해 조리한다.

5 식혀서 보관한다.

영양분(1인분)

칼로리	지방	단백질	탄수화물	식이섬유
108Kcal	4.1g	15.1g	1.0g	0.2g

고수, 라임 향이 가득한 연어 스테이크

준비 시간 10분
조리 시간 12분

연어 스테이크는 한 번도 만들어본 적이 없다고요? 걱정하지 마세요. 오늘의 레시피를 쓰면 실패 확률 0%랍니다. 고수 향과 새콤한 라임 향이 연어의 맛을 한껏 살려줘요. 찐 콜리플라워 같은 채소와 함께 드세요.

재료 | 2인분

껍질 벗긴 연어 살 2개(85g×2)
녹인 가염 버터 1큰술
칠리 파우더 1작은술
곱게 간 마늘 1/2작은술
채 썬 할라피뇨 피클 1/4컵
라임즙 라임 1/2개 분량
다진 고수 2큰술

1 원형 팬(지름 15cm)에 연어를 올린다. 여기에 버터를 바르고 칠리 파우더, 마늘을 뿌린다.

2 1에 할라피뇨 피클을 올리고 라임즙 절반을 부어 포일을 덮은 다음 에어 프라이어에 넣는다.

3 온도는 190℃, 시간은 12분으로 설정해 조리한다.

4 다 익은 연어는 60℃ 정도로 뜨거우니 조심한다.

5 남은 라임즙을 뿌리고 고수를 올린다.

영양분(1인분)

칼로리	지방	단백질	탄수화물	식이섬유
167Kcal	9.9g	15.8g	1.6g	0.7g

대구 필렛 스테이크

준비 시간 5분
조리 시간 8분

평일 저녁에도 분위기 있는 요리를 만들어볼까요. 이 요리에서 핵심은 버터입니다. 케리골드 버터처럼 향이 깊고 품질 좋은 버터를 사용하세요!

재료 | 2인분

대구 필렛 2개(110g×2)
녹인 가염 버터 2큰술
올드베이 시즈닝 1작은술
얇게 썬 레몬 1/2개
말린 파슬리 가루 적당량(선택)

1 원형 팬(15cm/1호)에 대구 필렛을 올리고 버터를 바른다. 그 위로 올드베이 시즈닝을 뿌리고 레몬 슬라이스를 올린다.

2 1을 포일로 덮은 다음 에어 프라이어에 넣는다.

3 온도는 175℃, 시간은 8분으로 설정해 조리한다.

4 조리 중간에 뒤집는다.

5 말린 파슬리 가루를 뿌려 식기 전에 먹는다.

영양분(1인분)

칼로리	지방	단백질	탄수화물	식이섬유
179Kcal	11.1g	17.4g	0.0g	0.0g

새우 꼬치구이

준비 시간 10분
조리 시간 7분

꼬치구이 좋아하시나요? 에어 프라이어만 있으면 바삭한 새우 꼬치구이가 금방 완성! 좋아하는 재료를 추가해서 나만의 꼬치를 만들어요.

재료 | 2인분

손질한 새우 18마리
먹기 좋게 썬 애호박 1개
먹기 좋게 썬 빨간 파프리카 1/2개
먹기 좋게 썬 자색 양파 1/4개
녹인 코코넛오일 1 1/2큰술
칠리 파우더 2작은술
파프리카 가루 1/2작은술
후춧가루 1/4작은술

1 대나무 꼬치를 물에 30분간 담가둔다. 여기에 새우, 애호박, 파프리카, 양파 순으로 꽂는다.

2 1에 코코넛오일을 두루 바르고 칠리 파우더, 파프리카 가루, 후춧가루를 뿌린 다음 에어 프라이어에 넣는다.

3 온도는 200℃, 시간은 7분으로 설정해 조리한다.

4 조리 중간에 뒤집는다. 식기 전에 먹는다.

영양분(1인분)

칼로리	지방	단백질	탄수화물	식이섬유
166Kcal	10.7g	9.5g	8.5g	3.1g

Chapter

채소 요리

Vegetable Main Dishes

균형 있는 식단을 위해서는 채소도 필요해요. 에어 프라이어로 육류만 요리할 수 있는 게 아니랍니다. 육류가 배제된 채소 요리임에도 필요한 단백질을 모두 섭취하고 맛까지 잡은 레시피들을 소개합니다.

콜리플라워 스테이크

준비 시간 5분
조리 시간 7분

콜리플라워 스테이크는 맛과 영양을 모두 잡은 요리랍니다. 버펄로 소스를 곁들여 매콤한 맛이 일품!

재료 | 2인분

콜리플라워 1개
핫소스 1/4컵
녹인 가염 버터 2큰술
으깬 블루치즈 1/4컵
랜치 드레싱 1/4컵

1 콜리플라워를 손질하고 적당한 크기로 썬다.

2 작은 볼에 핫소스, 버터를 넣어 섞고 1에 바른다.

3 2를 에어 프라이어에 넣는다.

4 온도는 200℃, 시간은 7분으로 설정해 조리한다.

5 콜리플라워의 가장자리가 어두운 색을 띠면 완성. 블루치즈, 랜치 드레싱을 뿌려 먹는다.

영양분(1인분)

칼로리	지방	단백질	탄수화물	식이섬유
122Kcal	8.4g	4.9g	7.7g	3.0g

베지테리언 케사디야

준비 시간 10분
조리 시간 5분

토르티야 대신 플랫 브레드(납작한 빵)를 사용해도 좋아요. 채소가 가득한 케사디야로 멕시코풍 요리를 즐기세요.

재료 | 2인분

코코넛오일 1큰술
다진 초록 피망 1/2개
깍둑 썬 자색 양파 1/4컵
다진 양송이버섯 1/4컵
플랫 브레드/토르티야 4장
채 썬 페퍼잭 치즈 2/3컵
아보카도 1/2개(껍질, 씨는 미리 제거)
사워크림 1/4컵
살사소스 1/4컵

1 적당한 크기의 팬에 코코넛오일을 뿌리고 중간 불에 올린다. 여기에 피망, 양파, 양송이버섯을 넣어 볶는다(약 3~5분).

2 플랫 브레드 2장을 도마 위에 올리고 페퍼잭 치즈 절반을 뿌린다. 여기에 1을 올리고 남은 치즈 절반을 뿌린다. 나머지 플랫 브레드 2장으로 덮은 다음 에어 프라이어에 넣는다.

3 온도는 200℃, 시간은 5분으로 설정해 조리한다.

4 조리 중간에 뒤집는다. 아보카도, 사워크림, 살사 소스와 곁들여 식기 전에 먹는다.

어디든 잘 어울리는 토르티야

요즘엔 탄수화물 함량이 적은 토르티야도 판매하고 있어요. 특히 돼지 껍질로 만든 토르티야는 탄수화물 함량이 낮고 단백질 함량은 높아 좋은 다이어트 식재료예요.

영양분(1인분)

칼로리	지방	단백질	탄수화물	식이섬유
795Kcal	61.3g	34.5g	19.4g	6.5g

치즈 가득 애호박 구이

준비 시간 15분
조리 시간 20분

애호박은 수분이 가득하고 포만감도 큰 재료입니다. 안에 치즈를 가득 채워서 더 맛있는데 탄수화물 함량은 적어요.

재료 | 2인분

애호박(또는 주키니 호박) 2개
아보카도 오일 1큰술
저탄수화물 파스타 소스 1/4컵
리코타 치즈 1/4컵
슈레드 모차렐라 치즈 1/4컵
말린 오레가노 1/4작은술
마늘 가루 1/4작은술
말린 파슬리 1/2작은술
베지테리언 파르메산 치즈 가루 2큰술

1 애호박은 반으로 가른다. 속을 깨끗이 긁어내고 아보카도 오일, 파스타 소스 2큰술을 바른다.

2 적당한 크기의 볼에 리코타 치즈, 모차렐라 치즈, 오레가노, 마늘 가루, 파슬리를 넣어 섞는다.

3 1에 2를 채워 넣은 다음 에어 프라이어에 넣는다.

4 온도는 175℃, 시간은 20분으로 설정해 조리한다.

5 완성된 요리에 파르메산 치즈 가루를 뿌린다. 곧바로 먹는다.

영양분(1인분)

칼로리	지방	단백질	탄수화물	식이섬유
215Kcal	14.9g	10.5g	9.3g	2.7g

포토벨로 미니 피자

준비 시간 10분
조리 시간 10분

저칼로리, 저탄수화물 피자를 만들어요. 포토벨로 버섯에는 피부, 머리카락, 눈에 좋은 비타민 B가 가득하답니다.

재료 | 2인분

포토벨로 버섯 2개
녹인 무염 버터 2큰술
마늘 가루 1/2작은술
슈레드 모차렐라 치즈 2/3컵
얇게 썬 방울토마토 4개
다진 바질 2잎
발사믹 식초 1큰술

1 포토벨로 버섯의 밑동을 제거한다. 버섯에 버터를 바르고 마늘 가루를 뿌린다.

2 1에 모차렐라 치즈, 방울토마토 슬라이스를 넣고 지름 15cm의 내열성 그릇에 담은 다음 에어 프라이어에 넣는다.

3 온도는 190℃, 시간은 10분으로 설정해 조리한다.

4 완성된 피자에 바질, 발사믹 식초를 뿌려 먹는다.

영양분(1인분)

칼로리	지방	단백질	탄수화물	식이섬유
244Kcal	18.5g	10.4g	6.8g	1.4g

채소 볶음

준비 시간 10분
조리 시간 15분

여러 가지 채소를 함께 볶아 먹으면 다양한 영양소를 섭취할 수 있죠. 탄수화물 함량은 낮고, 식이섬유는 풍부한 채소 볶음이랍니다!

재료 | 2인분

적당히 자른 브로콜리 1컵
4등분한 방울 양배추 1컵
적당히 자른 콜리플라워 1/2컵
채 썬 양파 1/4개
채 썬 초록 피망 1/2개
코코넛오일 1큰술
칠리 파우더 2작은술
마늘 가루 1/2작은술
커민 가루 1/2작은술

1 큰 볼에 모든 재료를 넣고 섞는다.

2 1을 에어 프라이어에 넣는다.

3 온도는 180℃, 시간은 15분으로 설정해 조리한다.

4 조리 중간에 2~3회 흔들어 섞어준다. 식기 전에 먹는다.

영양분(1인분)

칼로리	지방	단백질	탄수화물	식이섬유
121Kcal	7.1g	4.3g	13.1g	5.2g

한 끼 식사로도 충분!

콜리플라워 라이스는 밥 대용으로 많이 이용합니다. 콜리플라워를 쌀알 크기로 잘라 볶으면 밥하고 비슷한 식감에 포만감이 있어서 다이어트식으로 딱이죠. 요즘은 냉동 콜리플라워 라이스도 많이 판매하니 버터에 볶아서 밥 대신 곁들여보세요. 든든한 한 끼 식사가 됩니다.

치즈 듬뿍 애호박 국수

준비 시간 10분
조리 시간 8분

남녀노소 누구나 좋아할 메뉴! 애호박 국수와 두 가지 다른 맛 치즈의 부드러운 맛이 더해져 풍미가 일품이랍니다.

재료 | 4인분

가염 버터 2큰술
깍둑 썬 양파 1/4개
간 마늘 1/2작은술
휘핑크림 1/2컵
크림치즈 55g
슈레드 체더치즈 1컵
애호박(또는 주키니 호박) 2개

TIP
애호박 국수는 스파이럴라이저를 이용해 면 모양으로 썰어 소금에 살짝 절여 준비하세요. 그러면 더욱 꼬들꼬들한 호박 국수가 된답니다.

1 큰 소스 팬을 중간 불에 올리고 버터를 넣어 녹인다. 여기에 양파를 넣어 1~3분간 볶고 마늘을 추가해 30초 더 볶는다. 휘핑크림, 크림치즈를 추가한다.

2 불을 끄고 체더치즈를 넣는다. 애호박으로 만든 국수를 추가한다. 이것을 내열성 그릇에 붓고 쿠킹 포일로 덮은 뒤 에어 프라이어에 넣는다.

3 온도는 190℃, 시간은 8분으로 설정해 조리한다.

4 6분이 지나면 쿠킹 포일을 벗기고 마저 조리한다. 완성된 요리는 잘 저어서 먹는다.

영양분(1인분)

칼로리	지방	단백질	탄수화물	식이섬유
337Kcal	28.4g	9.6g	5.9g	1.2g

그리스풍 가지 구이

준비 시간 15분
조리 시간 20분

속까지 영양으로 꽉 채운 그리스풍 가지 요리를 맛보세요. 가지를 안 좋아하던 사람도 좋아할 수밖에 없는 맛이랍니다.

재료 | 2인분

가지 1개(큰 것)
무염 버터 2큰술
깍둑 썬 양파 1/4개
다진 아티초크 1/4컵(통조림도 가능)
시금치 240g
깍둑 썬 빨간 파프리카 2큰술
찢어놓은 페타 치즈 1/2컵

1 가지를 길게 반으로 자르고 속을 긁어낸다. 긁어낸 가지 속은 다져놓는다.

2 적당한 크기의 팬을 중간 불에 올리고 버터, 양파를 넣어 3~5분간 볶는다. 다진 가지 속, 아티초크, 시금치, 파프리카를 넣는다. 파프리카가 부드럽게 익고 시금치는 숨이 죽을 때까지 볶는다(약 5분). 불을 끄고 페타 치즈를 올린다.

3 2를 1에 가득 채운 다음 에어 프라이어에 넣는다.

4 온도는 160℃, 시간은 20분으로 설정해 조리한다. 식기 전에 먹는다.

영양분(1인분)

칼로리	지방	단백질	탄수화물	식이섬유
291Kcal	18.7g	9.4g	22.6g	10.8g

브로콜리 볶음

준비 시간 10분
조리 시간 7분

브로콜리를 구우면 전혀 다른 맛이 난답니다. 브로콜리의 단맛과 아몬드의 바삭한 식감을 최대한 즐기면서 몸에 좋은 지방까지 채워보세요.

재료 | 2인분

브로콜리 3컵
녹인 가염 버터 2큰술
다진 아몬드 1/4컵
레몬 1/2개

1 15cm 지름의 내열성 그릇에 먹기 좋은 크기로 썬 브로콜리를 넣는다. 브로콜리에 버터를 붓고 아몬드를 섞은 다음 에어 프라이어에 넣는다.

2 온도는 190℃, 시간은 7분으로 설정해 조리한다.

3 조리 중간에 젓는다.

4 완성된 요리에 레몬 껍질을 갈아 넣고, 레몬즙을 뿌려준다. 식기 전에 먹는다.

영양분(1인분)

칼로리	지방	단백질	탄수화물	식이섬유
215Kcal	16.3g	6.4g	12.1g	5.0g

레몬 향 가득 콜리플라워 구이

준비 시간 5분
조리 시간 15분

애피타이저나 사이드 디시로 내놓기에도 좋은 요리입니다. 콜리플라워로 다양한 요리에 도전하세요.

재료 | 4인분

콜리플라워 1통
녹인 가염 버터 2큰술
레몬 1개
마늘 가루 1/2작은술
말린 파슬리 1작은술

1 먹기 좋게 썬 콜리플라워에 버터를 뿌린다. 레몬은 반으로 자르고 반은 강판에 갈아준다. 강판에 간 반쪽을 콜리플라워 위에 뿌린다.

2 1에 마늘 가루, 파슬리를 뿌리고 에어 프라이어에 넣는다.

3 온도는 175℃, 시간은 15분으로 설정해 조리한다.

4 5분마다 굽기 정도를 확인한다.

5 완성된 콜리플라워에 남은 레몬 절반의 즙을 짜 넣는다. 곧바로 먹는다.

영양분(1인분)

칼로리	지방	단백질	탄수화물	식이섬유
91Kcal	5.7g	3.0g	8.4g	3.2g

콜리플라워 피자 크러스트

준비 시간 15분
조리 시간 11분

밀가루 대신 콜리플라워로 피자 크러스트를 만들어요. 맛은 물론이고 몸에 좋은 영양분이 가득합니다. 피자 크러스트에 취향대로 채소, 치즈를 올려서 나만의 베지테리언 피자를 만들어요.

재료 | 2인분

콜리플라워 라이스 340g
슈레드 체더치즈 1/2컵
달걀 1개(큰 것)
고운 아몬드 가루 2큰술
이탤리언 시즈닝 1작은술

나만의 피자를 만들어요

수제로 만드는 콜리플라워 피자 크러스트! 탄수화물 가득한 시판 피자 크러스트보다 몸에 좋고 맛도 좋답니다.

이탤리언 시즈닝

시판 제품을 사용해도 되지만 집에 향신료가 있다면 직접 만들어보세요. 파슬리, 바질, 로즈메리, 오레가노, 양파, 마늘, 후추 등을 섞어 만들어요.

1 콜리플라워를 익힌다. 키친타월로 콜리플라워의 물기를 제거하고 큰 볼에 담는다.

2 1에 체더치즈, 달걀, 아몬드 가루, 이탤리언 시즈닝을 넣고 섞는다.

3 종이 포일을 깔고 2를 15cm 크기로 편 다음 에어 프라이어에 넣는다.

4 온도는 180℃, 시간은 11분으로 설정해 조리한다.

5 조리 7분째에 뒤집는다.

6 완성된 피자 크러스트에 취향대로 토핑을 올린다. 다시 에어 프라이어에 4분간 굽는다. 곧바로 먹는다.

영양분(1인분)

칼로리	지방	단백질	탄수화물	식이섬유
230Kcal	14.2g	14.9g	10.0g	4.7g

브로콜리 크러스트 피자

준비 시간 15분
조리 시간 12분

브로콜리에는 비타민, 식이섬유가 풍부합니다. 몸에 좋은 브로콜리로 피자 크러스트를 만들어봐요.

재료 | 4인분

익힌 브로콜리 라이스 3컵
달걀 1개(큰 것)
베지테리언 파르메산 치즈 가루 1/2컵
알프레도 소스 3큰술
슈레드 모차렐라 치즈 1/2컵

1 큰 볼에 브로콜리 라이스, 달걀, 파르메산 치즈 가루를 넣어 섞는다.

2 에어 프라이어에 종이 포일을 깔고 1을 펴서 올린다.

3 온도는 190℃, 시간은 5분으로 설정해 조리한다.

4 시간이 다 되면 뒤집는다(덜 익은 경우 2분 더 굽는다).

5 4에 알프레도 소스를 바르고 모차렐라 치즈를 뿌린다. 다시 에어 프라이어에 넣고 7분간 더 조리한다. 식기 전에 먹는다.

영양분(1인분)

칼로리	지방	단백질	탄수화물	식이섬유
136Kcal	7.6g	9.9g	5.7g	2.3g

TIP

1. 순두부와 아몬드 밀크를 섞어서 사용하면 베지테리언 크림소스가 됩니다.
2. 시판 알프레도 소스는 설탕이 들어 있는 제품이 많으므로 꼭 성분을 확인하여 저탄수화물 제품으로 구입하세요.

마늘 주키니 호박 롤

준비 시간 20분
조리 시간 20분

라자냐를 대신할 메뉴! 고기 대신 버섯이 들어간 채식 요리랍니다.

재료 | 4인분

주키니 호박 2개
무염 버터 2큰술
깍둑 썬 양파 1/4개
곱게 간 구운 마늘 1/2작은술
생크림 1/4컵
채소 맛국물 2큰술
잔탄검 1/8작은술
리코타 치즈 1/2컵
소금 1/2작은술
마늘 가루 1/2작은술
말린 오레가노 1/4작은술
다진 시금치 2컵
포토벨로 버섯 1/2컵
슈레드 모차렐라 치즈 3/4컵

1 강판을 이용해 주키니 호박을 얇고 길게 썬다. 키친타월을 이용해 물기를 제거한다.

2 적당한 크기의 소스 팬을 중간 불에 올리고 버터를 넣어 녹인다. 여기에 양파를 추가해 투명해질 때까지 볶고 마늘을 넣어 30초간 볶는다.

3 2에 생크림, 채소 맛국물, 잔탄검을 넣는다. 불을 끄고 걸쭉해질 때까지 젓는다(약 3분).

4 적당한 크기의 볼에 리코타 치즈, 소금, 마늘 가루, 오레가노를 넣어 섞는다. 여기에 시금치, 포토벨로 버섯, 모차렐라 치즈 1/2컵을 추가한다.

5 15cm 지름의 내열성 그릇에 3의 절반을 붓는다. 4를 1에 올리고 돌돌 말아 롤을 만든 다음 그릇에 옮겨 담는다.

6 남은 3을 5의 롤 위에 붓고 남은 모차렐라 치즈를 올린다. 쿠킹 포일로 덮은 다음 에어 프라이어에 넣는다.

7 온도는 175℃, 시간은 20분으로 설정해 조리한다.

8 조리 시간이 5분 남았을 때 쿠킹 포일을 벗겨내고 마저 조리한다. 곧바로 먹는다.

영양분(1인분)

칼로리	지방	단백질	탄수화물	식이섬유
245Kcal	18.9g	10.5g	7.1g	1.8g

주키니 호박 콜리플라워 프리터

준비 시간 15분
조리 시간 12분

채소를 싫어하는 아이들도 좋아할 프리터. 한 입 베어 물면 바삭한 식감에 반하고 입안에 퍼지는 감미로운 맛에 한 번 더 반하고! 사워크림까지 얹으면 한 끼 식사가 완성됩니다.

재료 | 2인분

콜리플라워 라이스 340g
채 썬 주키니 호박 1개
아몬드 가루 1/4컵
달걀 1개(큰 것)
마늘 가루 1/2작은술
베지테리언 파르메산 치즈 1/4컵

1 콜리플라워 라이스를 익힌 다음 키친타월로 물기를 제거하고 큰 볼에 넣는다.

2 주키니 호박은 키친타월로 물기를 제거하고 1에 넣는다. 나머지 재료들도 함께 섞어 반죽한다.

3 2의 반죽을 4개로 나눠 납작한 모양의 패티 4장을 만든 다음 에어 프라이어에 넣는다.

4 온도는 160℃, 시간은 12분으로 설정해 조리한다.

5 5분간 식힌 뒤 먹는다.

영양분(1인분)

칼로리	지방	단백질	탄수화물	식이섬유
217Kcal	12.0g	13.7g	16.1g	6.5g

바비큐 맛 버섯 구이

준비 시간 5분
조리 시간 12분

고기 대신 버섯을 넣어도 맛있는 요리가 완성된답니다. 바비큐 맛을 입힌 버섯을 맛보면 깜짝 놀랄 거예요.

재료 | 2인분

포토벨로 버섯 4개(큰 것)
녹인 가염 버터 1큰술
후춧가루 1/4작은술
칠리 파우더 1작은술
파프리카 가루 1작은술
양파 가루 1/4작은술
바비큐 소스 1/2컵

1 포토벨로 버섯의 밑동을 제거한다. 버섯에 버터를 바르고 후춧가루, 칠리 파우더, 파프리카 가루, 양파 가루를 바른다.

2 1을 에어 프라이어에 넣는다.

3 온도는 200℃, 시간은 8분으로 설정해 조리한다.

4 다 익은 버섯은 포크를 이용해 가닥가닥 나눠준다.

5 내열성 그릇에 4를 담고 바비큐 소스를 뿌린 뒤 에어 프라이어에 넣는다.

6 온도는 175℃, 시간은 4분으로 설정해 조리한다. 조리 중간에 섞어준다.

영양분(1인분)

칼로리	지방	단백질	탄수화물	식이섬유
108Kcal	5.9g	3.3g	10.9g	2.7g

키슈 페퍼

준비 시간 15분
조리 시간 12분

달걀을 주재료로 하는 프랑스의 대표 요리 키슈, 타르트 반죽 대신 피망을 이용했어요. 소 재료를 달리해서 다양한 키슈를 만들어보세요.

재료 | 2인분

초록 피망 2개
달걀 3개(큰 것)
리코타 치즈 1/4컵
깍둑 썬 양파 1/4컵
다진 브로콜리 1/2컵
슈레드 체더치즈 1/2컵

1 피망은 윗부분을 잘라내고 속을 비운다.

2 적당한 크기의 볼에 달걀, 리코타 치즈를 넣어 푼다.

3 2에 양파, 브로콜리, 체더치즈를 추가해 섞은 다음 피망 속에 채우고 내열성 그릇에 담아 에어 프라이어에 넣는다.

4 온도는 175℃, 시간은 15분으로 설정해 조리한다.

영양분(1인분)

칼로리	지방	단백질	탄수화물	식이섬유
314Kcal	18.7g	21.6g	10.8g	3.0g

가지 카프레제

준비 시간 5분
조리 시간 12분

재료 | 4인분

가지 1개(0.5cm 두께 8조각)
토마토 2개(0.5cm 두께로 썬다)
먹기 좋게 썬 모차렐라 치즈 110g
올리브오일 2큰술
채 썬 바질 1/4컵

모차렐라 치즈와 토마토, 여기에 가지까지!

1 15cm 지름의 내열성 그릇에 가지 4조각을 깐다. 그 위로 토마토, 모차렐라 치즈, 가지를 한 조각씩 올린다.

2 1에 올리브오일을 뿌리고 쿠킹 포일로 덮은 다음 에어 프라이어에 넣는다.

3 온도는 175℃, 시간은 12분으로 설정해 조리한다.

4 바질을 올려서 먹는다.

영양분(1인분)

칼로리	지방	단백질	탄수화물	식이섬유
195Kcal	12.7g	8.5g	12.7g	5.2g

빵 없는 시금치 치즈파이

준비 시간 10분
조리 시간 20분

재료 | 4인분

달걀 6개(큰 것)
휘핑크림 1/4컵
삶아서 다진 시금치 1컵
슈레드 체더치즈 1컵
잘게 다진 양파 1/4컵

점심으로 먹기 딱 좋은 치즈가 들어간 영양 만점 시금치 파이랍니다.

1 적당한 크기의 볼에 달걀, 휘핑크림을 넣어 푼다. 나머지 재료를 넣고 섞는다.

2 지름 15cm의 내열성 그릇에 1을 부은 다음 에어 프라이어에 넣는다.

3 온도는 160℃, 시간은 20분으로 설정해 조리한다.

영양분(1인분)

칼로리	지방	단백질	탄수화물	식이섬유
288Kcal	20.0g	18.0g	3.9g	1.3g

이탈리아풍 달걀과 채소 구이

준비 시간 10분
조리 시간 10분

채식주의 식단에서도 단백질을 충분히 섭취하는 건 중요합니다. 몸에 지방은 빠져도 근육이 빠져서는 안 되기 때문에 단백질은 필수입니다. 단백질이 가득한 달걀과 몸에 좋은 채소로 든든한 식사를 하세요.

재료 | 2인분

가염 버터 2큰술
잘게 썬 애호박(또는 주키니 호박 작은 것) 1개
잘게 썬 초록 피망 1/2개
다진 시금치 1컵
잘게 썬 토마토 1개
달걀 2개(큰 것)
양파 가루 1/4작은술
마늘 가루 1/4작은술
말린 바질 1/2작은술
말린 오레가노 1/4작은술

1 지름 10cm의 래미킨 2개에 버터를 바른다.

2 큰 볼에 애호박, 피망, 시금치, 토마토를 넣어 섞은 다음 1의 래미킨 2개에 나눠 담는다.

3 2에 달걀을 1개씩 넣고 양파 가루, 마늘 가루, 바질, 오레가노를 뿌린다. 에어 프라이어에 넣는다.

4 온도는 165℃, 시간은 10분으로 설정해 조리한다.

영양분(1인분)

칼로리	지방	단백질	탄수화물	식이섬유
150Kcal	10.0g	8.3g	6.6g	2.2g

TIP
래미킨이 아니어도 오븐 조리가 가능한 도자기 그릇이면 OK.

Chapter

8

디저트

Desserts

다이어트할 때 가장 먼저 끊는 것이 디저트죠? 하지만 여기서 소개하는 디저트는 다이어트 중에 먹어도 살찔 염려가 없어요. 에어 프라이어만 있으면 달콤한 디저트도 손쉽게 만들 수 있어요. 짧은 조리 시간도 매력이지만 별도의 조리 도구가 필요 없으니 주방 공간도 덜 차지합니다. 쿠키부터 치즈 케이크까지 다양한 디저트를 만나보세요.

아몬드 버터 쿠키

준비 시간 5분
조리 시간 10분

달콤한 초콜릿 쿠키를 만들어요. 아몬드 버터를 이용하면 꿀이나 설탕이 없어도 충분히 맛있답니다.

재료 | 10인분, 1인분 1개

아몬드 버터 1컵
달걀 1개(큰 것)
바닐라 익스트랙 1작은술
프로틴 파우더 1/4컵
에리스리톨 파우더 1/4컵
채 썬 코코넛 1/4컵
초콜릿 칩 1/4컵
시나몬 가루 1/2작은술

1 큰 볼에 아몬드 버터와 달걀을 넣어 섞는다. 여기에 바닐라 익스트랙, 프로틴 파우더, 에리스리톨 파우더를 섞는다.

2 1에 코코넛, 초콜릿 칩, 시나몬 가루를 넣고 반죽한다. 2~3cm 크기의 쿠키 10개를 만든 다음 원형 팬(15cm/1호)에 올려 에어 프라이어에 넣는다.

3 온도는 160℃, 시간은 10분으로 설정해 조리한다.

4 완전히 식힌다. 남은 쿠키는 밀폐 용기에 담아 냉장 보관한다.

프로틴 파우더(단백질 가루)

프로틴 파우더는 어디에든 잘 어울리는 재료랍니다. 치킨 튀김옷에 넣어도 좋아요. 도넛 같은 디저트를 만들 때는 바닐라, 초콜릿 등 맛이 있는 프로틴 파우더를 사용해 보세요. 당연히 탄수화물 함량이 낮은 제품을 선택해야 해요.

초콜릿 칩

초콜릿 칩은 설탕이 들어 있지 않은 제품으로 구입해야 합니다. 저탄수화물 무설탕 또는 키토제닉 다크 초콜릿 칩이란 이름이면 OK!

영양분(1인분)

칼로리	지방	단백질	탄수화물	식이섬유
224Kcal	16.0g	11.2g	14.9g	3.6g

시나몬 돼지 껍질 과자

준비 시간 5분
조리 시간 5분

돼지 껍질 과자를 디저트로? 믿기지 않겠지만 돼지 껍질은 단백질이 풍부할 뿐만 아니라 바삭한 식감까지 가지고 있어 디저트로 제격이죠. 달콤한 시나몬 향에 돼지 냄새는 사라지니 걱정하지 마세요.

재료 | 2인분

돼지 껍질 과자 55g
녹인 무염 버터 2큰술
시나몬 가루 1/2작은술
에리스리톨 파우더 1/4컵

1 큰 볼에 돼지 껍질 과자, 버터를 넣어 섞는다. 여기에 시나몬 가루, 에리스리톨을 뿌리고 골고루 버무린다.

2 1을 에어 프라이어에 넣는다.

3 온도는 200℃, 시간은 5분으로 설정해 조리한다.

돼지 껍질 과자는 훌륭한 시리얼 대체품

돼지 껍질 과자를 시리얼처럼 먹어도 좋아요. 돼지 껍질 과자를 시리얼 크기로 잘게 부수고 바닐라 아몬드 밀크를 부어서 간편한 아침 식사를 하세요.

영양분(1인분)

칼로리	지방	단백질	탄수화물	식이섬유
264Kcal	20.8g	16.3g	18.5g	0.4g

피칸 브라우니

준비 시간 10분
조리 시간 20분

달콤한 브라우니에 피칸까지. 키토제닉 다이어트 중에 먹어도 되는 디저트니 걱정하지 말고 즐기세요.

재료 | 6인분

고운 아몬드 가루 1/2컵
에리스리톨 파우더 1/2컵
코코아 가루 2큰술
베이킹파우더 1/2작은술
무염 버터 1/4컵(상온)
달걀 1개(큰 것)
다진 피칸 1/4컵
초콜릿 칩 1/4컵

1 큰 볼에 아몬드 가루, 에리스리톨 파우더, 코코아 가루, 베이킹파우더를 넣어 섞는다. 여기에 달걀, 버터를 추가해 섞는다.

2 1에 피칸, 초콜릿 칩을 넣고 섞어 반죽을 만든 다음 원형 팬(15cm/1호)에 올리고 에어 프라이어에 넣는다.

3 온도는 150℃, 시간은 20분으로 설정해 조리한다.

4 이쑤시개를 이용해 익은 정도를 확인한다. 20분간 식힌다.

영양분(1인분)

칼로리	지방	단백질	탄수화물	식이섬유
215Kcal	18.9g	4.2g	21.8g	2.8g

미니 치즈 케이크

준비 시간 10분
조리 시간 15분

에어 프라이어로 만드는 치즈 케이크! 기호에 따라 다른 재료를 사용해도 좋아요. 이 레시피는 호두를 넣어서 바삭한 식감이 더해집니다. 15분이면 완성되는 맛있는 디저트!

재료 | 2인분

호두 1/2컵
가염 버터 2큰술
에리스리톨 2큰술
크림치즈 110g(상온)
달걀 1개(큰 것)
바닐라 익스트랙 1/2작은술
에리스리톨 파우더 1/8컵

1 호두, 버터, 에리스리톨을 푸드 프로세서에 넣고 반죽하여 도우를 만든다

2 지름 10cm의 케이크 틀에 1을 담아 에어 프라이어에 넣는다.

3 온도는 200℃, 시간은 5분으로 설정해 조리한다.

4 다 구운 도우는 식힌다.

5 적당한 크기의 볼에 크림치즈, 달걀, 바닐라 익스트랙, 에리스리톨 파우더를 섞는다.

6 4 위에 5를 올리고 에어 프라이어에 넣는다.

7 온도는 150℃, 시간은 10분으로 설정해 조리한다.

8 다 구운 뒤 2시간 이상 식힌다.

영양분(1인분)

칼로리	지방	단백질	탄수화물	식이섬유
531Kcal	48.3g	11.4g	14.9g	2.3g

미니 모카 치즈 케이크

준비 시간 5분
조리 시간 15분

모카 향이 가득한 케이크를 만들어요. 커피가 생각날 때 먹으면 모카 향과 달콤함이 입안 가득!

재료 | 2인분

호두 1/2컵
버터 2큰술
에리스리톨 2큰술
크림치즈 110g(상온)
달걀 1개(큰 것)
바닐라 익스트랙 1/2작은술
에리스리톨 파우더 2큰술
코코아 가루 2작은술
에스프레소 가루 1작은술

1 호두, 버터, 에리스리톨을 푸드 프로세서에 넣고 반죽하여 도우를 만든다.

2 지름 10cm의 케이크 틀에 1을 담아 에어 프라이어에 넣는다.

3 온도는 200℃, 시간은 5분으로 설정해 조리한다.

4 다 구운 도우는 식힌다.

5 적당한 크기의 볼에 크림치즈, 달걀, 바닐라 익스트랙, 에리스리톨 파우더, 코코아 가루, 에스프레소 가루를 넣어 섞는다.

6 5를 4에 올리고 에어 프라이어에 넣는다.

7 온도는 150℃, 시간은 10분으로 설정해 조리한다.

8 다 구운 뒤 2시간 이상 식힌다.

영양분(1인분)

칼로리	지방	단백질	탄수화물	식이섬유
535Kcal	48.4g	11.6g	37.1g	7.2g

미니 초콜릿 칩 쿠키

준비 시간 10분
조리 시간 7분

부드럽고 쫀득한 식감의 쿠키를 만들어봐요. 저탄수화물 초콜릿, 다져서 볶은 견과류, 무설탕 휘핑크림을 곁들이면 더 맛있답니다.

재료 | 4인분

고운 아몬드 가루 1/2컵
에리스리톨 파우더 1/4컵
무염 버터 2큰술(상온)
달걀 1개(큰 것)
무향 젤라틴 파우더 1/2작은술
베이킹파우더 1/2작은술
바닐라 익스트랙 1/2작은술
초콜릿 칩 2큰술

1 큰 볼에 아몬드 가루, 에리스리톨 파우더를 넣어 섞는다. 여기에 버터, 달걀, 젤라틴 파우더를 넣고 한 번 더 섞는다.

2 1에 베이킹파우더, 바닐라 익스트랙을 먼저 넣어 섞고 초콜릿 칩을 추가하여 반죽한다.

3 2의 반죽을 적당한 크기로 나눠 동그랗게 빚은 다음 에어 프라이어에 넣는다.

4 온도는 150℃, 시간은 7분으로 설정해 조리한다.

5 이쑤시개를 이용해 익은 정도를 확인한다. 10분 이상 식힌다.

영양분(1인분)

칼로리	지방	단백질	탄수화물	식이섬유
188Kcal	15.7g	5.6g	16.8g	2.0g

프로틴 도넛(먼치킨)

준비 시간 25분
조리 시간 6분

재료 | 6인분, 1인분 2개

고운 아몬드 가루 1/2컵
바닐라 프로틴 파우더 1/2컵
에리스리톨 1/2컵
베이킹파우더 1/2작은술
달걀 1개(큰 것)
녹인 무염 버터 5큰술
바닐라 익스트랙 1/2작은술

도넛은 언제 먹어도 맛있죠. 아침 대용으로 먹어도 좋답니다.

1 큰 볼에 모든 재료를 넣고 섞는다. 냉장고에서 20분간 숙성시킨다.

2 손에 물을 묻히고 1의 반죽을 12개로 나눠 동그랗게 빚는다.

3 에어 프라이어에 종이 포일을 깔고 2를 넣는다.

4 온도는 190℃, 시간은 6분으로 설정해 조리한다.

5 조리 중간에 뒤집는다. 완전히 식힌 뒤 먹는다.

영양분(1인분)

칼로리	지방	단백질	탄수화물	식이섬유
221Kcal	14.3g	19.8g	23.2g	1.7g

치즈 케이크 브라우니

준비 시간 20분
조리 시간 35분

특별한 날 먹으면 더 맛있는 오늘의 디저트! 코코아 가루가 가득한 브라우니 위에 피넛버터 치즈 케이크까지!

재료 | 6인분

고운 아몬드 가루 1/2컵
에리스리톨 파우더 1/2컵
코코아 가루 2큰술
베이킹파우더 1/2작은술
무염 버터 1/4컵(상온)
달걀 2개(큰 것)
크림치즈 220g(상온)
휘핑크림 1/4컵
바닐라 익스트랙 1작은술
피넛버터 2큰술

1 큰 볼에 아몬드 가루, 에리스리톨 파우더 1/4컵, 코코아 가루, 베이킹파우더를 넣어 섞는다. 버터와 달걀 1개도 넣고 젓는다.

2 원형 팬(지름 15cm)에 1을 부어 에어 프라이어에 넣는다.

3 온도는 150℃, 시간은 20분으로 설정해 조리한다.

4 이쑤시개를 이용해 익은 정도를 확인한다. 20분 동안 식힌다.

5 큰 볼에 크림치즈, 남은 에리스리톨 파우더, 휘핑크림, 바닐라 익스트랙, 피넛버터, 달걀 1개를 넣고 섞는다.

6 5를 4 위에 얹고 에어 프라이어에 다시 넣는다.

7 온도는 150℃, 시간은 15분으로 설정해 조리한다.

8 다 구운 뒤 완전히 식혀 냉장고에 넣고 2시간 지난 후 먹는다.

영양분(1인분)

칼로리	지방	단백질	탄수화물	식이섬유
347Kcal	30.9g	8.3g	29.8g	2.0g

펌프킨 스파이스 피칸

준비 시간 5분
조리 시간 6분

피칸은 지방이 풍부하고 단백질도 함유하고 있으며 탄수화물 함량이 적어 다이어트에 아주 좋은 식품입니다. 펌프킨 스파이스 피칸은 샐러드에 넣어 먹거나 그냥 디저트로 먹어도 좋아요.

재료 | 4인분

피칸 1컵
에리스리톨 1/4컵
달걀흰자 1개(큰 것)
시나몬 가루 1/2작은술
펌프킨 스파이스 1/2작은술
바닐라 익스트랙 1/2작은술

펌프킨 스파이시
펌프킨 파이 스파이시라고도 하는데 호박 파이를 만들 때 넣으면 좋은 향신료예요.

1 큰 볼에 모든 재료를 섞고 에어 프라이어에 넣는다.
2 온도는 150℃, 시간은 6분으로 설정해 조리한다.
3 조리 중간에 2~3회 흔들어준다.
4 완전히 식힌다. 밀폐 용기에 담아 보관한다.

영양분(1인분)

칼로리	지방	단백질	탄수화물	식이섬유
178Kcal	17.0g	3.2g	19.0g	2.6g

코코넛 머그 케이크

준비 시간 5분
조리 시간 25분

아몬드 가루 대신 코코넛 가루를 사용해도 훌륭한 케이크를 만들 수 있어요. 코코넛 가루는 아몬드 가루보다 더 달고 재료의 맛을 잘 살려준답니다.

재료 | 1인분

달걀 1개(큰 것)
코코넛 가루 2큰술
휘핑크림 2큰술
에리스리톨 2큰술
바닐라 익스트랙 1/4작은술
베이킹파우더 1/4작은술

1 지름 10cm의 래미킨이나 머그잔에 달걀을 풀고 나머지 재료를 넣는다. 잘 저어서 섞은 뒤 에어 프라이어에 넣는다.
2 온도는 150℃, 시간은 25분으로 설정해 조리한다. 이쑤시개를 이용해 익은 정도를 확인한다.
3 래미킨이나 머그잔 그대로 케이크를 떠먹는다.

영양분(1인분)

칼로리	지방	단백질	탄수화물	식이섬유
237Kcal	16.4g	9.9g	40.7g	5.0g

크림치즈를 올린 펌프킨 쿠키

준비 시간 10분
조리 시간 7분

가을에 잘 어울리는 펌프킨 쿠키! 부드러운 쿠키와 크림치즈의 조화를 맛보세요.

재료 | 6인분

고운 아몬드 가루 1/2컵
에리스리톨 파우더 1/4컵
버터 2큰술(상온)
달걀 1개(큰 것)
무향 젤라틴 파우더 1/2작은술
베이킹파우더 1/2작은술
바닐라 익스트랙 1/2작은술
펌프킨 스파이스 1/2작은술
호박 퓌레 2큰술
초콜릿 칩 1/4컵
크림치즈 85g(상온)
시나몬 가루 1/2작은술

크림치즈 프로스팅 만들기

큰 볼에 크림치즈, 남은 시나몬 1/4작은술, 남은 에리스리톨 파우더를 섞어 폭신해질 때까지 휘핑기로 저어주면 됩니다. 크림치즈를 상온에 충분히 두었다가 만들면 작업하기 수월해요.

1 큰 볼에 아몬드 가루, 에리스리톨 파우더 절반만 넣어 섞는다. 여기에 버터, 달걀, 젤라틴 파우더를 섞는다.

2 1에 베이킹파우더, 바닐라 익스트랙, 펌프킨 스파이스, 호박 퓌레, 시나몬 가루 1/4작은술을 넣어 섞는다. 마지막으로 초콜릿 칩을 넣는다.

3 2를 머핀 틀에 적당히 담아 에어 프라이어에 넣는다.(원형 팬 15cm/1호를 사용해 구운 후 잘라도 좋다.)

4 온도는 150℃, 시간은 7분으로 설정해 조리한다.

5 이쑤시개를 이용해 익은 정도를 확인한다. 20분 이상 식힌다.

6 크림치즈 프로스팅을 만들어 5 위에 올리고 취향에 따라 시나몬 가루를 뿌린다.

영양분(1인분)

칼로리	지방	단백질	탄수화물	식이섬유
199Kcal	16.2g	4.8g	21.5g	1.9g

코코넛 플레이크

준비 시간 5분
조리 시간 3분

아이스크림, 요거트에 올려 먹으면 좋은 바삭한 코코넛 플레이크. 적당히 달면서 바삭한 식감의 디저트랍니다. 과자로 먹어도 좋고 보관도 편해요.

재료 | 4인분

가미 안 된 코코넛 플레이크 1컵
코코넛오일 2작은술
에리스리톨 1/4컵
소금 1/8작은술

1 큰 볼에 코코넛 플레이크, 코코넛오일을 넣어 섞는다. 그 위에 에리스리톨, 소금을 뿌린다.

2 1을 에어 프라이어에 넣는다.

3 온도는 150℃, 시간은 3분으로 설정해 조리한다.

4 1분 남았을 때 흔들어준다. 취향에 따라 1분 더 굽는다.

5 밀폐 용기에 보관한다.

간편, 달콤!

코코넛 플레이크는 슈레드 코코넛보다 크기도 크고 간식으로 먹기 좋아요. 그냥 먹어도 맛있지만 아이스크림이나 케이크에 올려 먹기 좋죠. 플레이크를 구매할 때 설탕 함유량이 적은 것을 고르세요.

영양분(1인분)

칼로리	지방	단백질	탄수화물	식이섬유
165Kcal	15.5g	1.3g	20.3g	2.7g

피넛버터 쿠키

준비 시간 5분
조리 시간 8분

피넛버터 쿠키가 생각날 때가 있죠. 필요한 재료도 단 네 가지뿐. 몇 분 만에 맛있는 피넛버터 쿠키가 만들어집니다.

재료 | 8인분, 1인분 1개

피넛버터 1컵
에리스리톨 1/3컵
달걀 1개(큰 것)
바닐라 익스트랙 1작은술

1 큰 볼에 모든 재료를 넣고 섞는다. 2분 이상 반죽해 되직하게 만든다.

2 1을 8개로 나눠 5cm 크기로 동그랗고 납작하게 빚는다.

3 에어 프라이어에 종이 포일을 깔고 2를 넣는다.

4 온도는 160℃, 시간은 8분으로 설정해 조리한다.

5 6분째에 뒤집는다. 완전히 식힌 뒤 먹는다.

영양분(1인분)

칼로리	지방	단백질	탄수화물	식이섬유
210Kcal	17.5g	8.8g	14.1g	2.0g

초콜릿 메이플 베이컨

준비 시간 5분
조리 시간 12분

단짠단짠의 정석! 단백질과 지방, 맛까지 모두 충족시키는 초콜릿 베이컨입니다. 바삭한 식감을 더하고 싶을 때는 으깬 아몬드를 뿌려 드세요.

재료 | 2인분

베이컨 8줄
에리스리톨 1큰술
초콜릿 칩 1/3컵
코코넛오일 1작은술
메이플 익스트랙 1/2작은술

1. 베이컨을 에어 프라이어에 넣고 에리스리톨을 뿌린다.
2. 온도는 175℃, 시간은 12분으로 설정해 조리한다.
3. 조리 중간에 뒤집는다(기호에 따라 살짝 덜 익혀도 된다).
4. 완성된 베이컨을 식힌다.
5. 작은 볼에 초콜릿 칩, 코코넛오일을 넣고 전자레인지에 30초간 데운다. 메이플 익스트랙을 섞는다.
6. 종이 포일에 4를 올리고 5를 뿌린다. 냉장고에 넣어 초콜릿을 굳힌다(약 5분).

영양분(1인분)

칼로리	지방	단백질	탄수화물	식이섬유
379Kcal	25.9g	15.3g	31.8g	2.7g

바닐라 파운드케이크

준비 시간 10분
조리 시간 25분

촉촉한 파운드케이크! 여기에 딸기, 라임즙 등 원하는 재료를 넣어 나만의 케이크를 만들어봐요!

재료 | 6인분

고운 아몬드 가루 1컵
녹인 가염 버터 1/4컵
에리스리톨 1/3컵
바닐라 익스트랙 1작은술
베이킹파우더 1작은술
사워크림 1/2컵
크림치즈 30g(상온)
달걀 2개(큰 것)

1 큰 볼에 아몬드 가루, 버터, 에리스리톨을 넣어 섞는다.

2 1에 바닐라 익스트랙, 베이킹파우더, 사워크림, 크림치즈를 넣고 섞는다. 마지막으로 달걀을 넣어 섞는다.

3 미니 파운드 틀(8.5×21cm)에 2를 부어 에어 프라이어에 넣는다.

4 온도는 150℃, 시간은 25분으로 설정해 조리한다.

5 이쑤시개를 이용해 익은 정도를 확인한다. 완전히 식힌 뒤 먹는다.

영양분(1인분)

칼로리	지방	단백질	탄수화물	식이섬유
253Kcal	22.6g	6.9g	25.2g	2.0g

견과류 알레르기가 있다면

견과류 알레르기가 있는 사람이라면 아몬드 가루 대신 코코넛 가루를 사용하세요. 대신 양은 1/3로 줄여주세요. 코코넛 가루가 들어간 파운드케이크도 맛있어요!

TIP

미니 파운드케이크 틀이 없거나 용량이 적은 바스켓형 에어 프라이어의 경우는 원형 팬(15cm/1호)을 사용해도 됩니다.

초콜릿 마요네즈 케이크

준비 시간 10분
조리 시간 25분

입안 가득 촉촉한 마요네즈 케이크, 초콜릿의 달콤함까지 그대로 전달됩니다.

재료 | 6인분

고운 아몬드 가루 1컵
녹인 가염 버터 1/4컵
에리스리톨 1/2컵 + 1큰술
바닐라 익스트랙 1작은술
마요네즈 1/4컵
코코아 가루 1/4컵
달걀 2개(큰 것)

1 큰 볼에 모든 재료를 넣고 섞는다.

2 정사각형 파운드 틀에 부어 에어 프라이어에 넣는다.

3 온도는 150℃, 시간은 25분으로 설정해 조리한다.

4 이쑤시개를 이용해 익은 정도를 확인한다. 케이크를 완전히 식힌 뒤 먹는다.

영양분(1인분)

칼로리	지방	단백질	탄수화물	식이섬유
270Kcal	25.1g	7.0g	28.8g	3.3g

TIP
여기서는 정사각형 파운드 틀을 썼지만 꼭 이 틀이 아니라도 집에 있는 적당한 파운드케이크 틀을 사용하면 됩니다.

취향에 따라 휘핑크림이나 베리류 과일을 곁들여도 좋아요.

크림치즈 파이

준비 시간 20분
조리 시간 15분

아침 식사로도 좋은 크림치즈 파이입니다. 만들기도 쉽고 맛도 만점. 커피 한 잔과 함께 즐기세요.

재료 | 6인분

고운 아몬드 가루 3/4컵
슈레드 모차렐라 치즈 1컵
크림치즈 140g
달걀노른자 2개(큰 것)
에리스리톨 파우더 3/4컵
바닐라 익스트랙 2작은술

1 큰 볼에 아몬드 가루, 모차렐라 치즈, 크림치즈 30g을 섞고 전자레인지에 1분간 데운다.

2 1을 저어주면서 달걀노른자를 넣는다. 부드러운 도우가 될 때까지 젓다가 에리스리톨 파우더 2/4컵, 바닐라 익스트랙 1작은술을 섞는다.

3 손에 물을 묻히고 반죽한다. 종이 포일을 깔고 반죽을 0.5cm 두께로 편다. (파이 틀을 사용해도 좋다.)

4 적당한 크기의 볼에 남은 크림치즈, 에리스리톨 파우더, 바닐라 익스트랙을 섞어 3 위에 올린다.

5 4를 에어 프라이어에 넣고 온도는 165℃, 시간은 15분으로 설정해 조리한다.

6 완전히 식힌 뒤 자른다.

영양분(1인분)

칼로리	지방	단백질	탄수화물	식이섬유
185Kcal	14.5g	7.4g	20.8g	0.5g

라즈베리 데니시

준비 시간 30분
조리 시간 7분

바삭한 비스킷을 좋아한다면 더더욱 좋아할 라즈베리 데니시입니다. 데니시 자체로도 촉촉하고 폭신한데 라즈베리 향까지 더해져서 달콤한 디저트가 완성됩니다.

재료 | 10인분

고운 아몬드 가루 1컵
베이킹파우더 1작은술
스워브 3큰술
크림치즈 55g(상온)
달걀 1개(큰 것)
라즈베리 잼 10작은술

1 라즈베리 잼을 제외한 모든 재료를 큰 볼에 넣고 도우를 만든다.

2 1을 냉장고에 20분간 넣어둔다.

3 2의 반죽을 꺼내서 동그랗게 만든다(총 10개). 가운데를 꾹 눌러 공간을 만든 후 라즈베리 잼을 1작은술씩 넣는다.

4 에어 프라이어에 종이 포일을 깔고 3을 넣는다. 반죽을 살짝 눌러 바닥을 평평하게 해준다.

5 온도는 200℃, 시간은 7분으로 설정해 조리한다.

6 완전히 식힌 뒤 먹는다.

아이스크림과 함께 드세요

이 디저트는 아이스크림과 같이 먹으면 맛있어요. 큰 볼에 휘핑크림 1컵, 바닐라 익스트랙 1/2작은술, 에리스리톨 파우더 1/2컵을 섞은 다음 냉장고에 1~2시간 보관하면 맛있는 저탄수화물 아이스크림이 된답니다.

영양분(1인분)

칼로리	지방	단백질	탄수화물	식이섬유
96Kcal	7.7g	3.4g	9.8g	1.3g

스워브

설탕 대체 감미료 중 하나로 에리스리톨이 주성분이지만 약간의 다른 성분이 포함되어 맛이 달라요. 입맛에 따라 좋아하는 감미료를 선택하세요.

캐러멜 몽키 브레드

준비 시간 15분
조리 시간 12분

그냥 몽키 브레드가 아니랍니다. 단백질이 가득하고 탄수화물은 없는 몽키 브레드입니다. 물론 에리스리톨이 설탕 시럽의 효과까지는 못 내겠지만 이걸로도 충분할 거예요.

재료 | 6인분, 1인분 2개

고운 아몬드 가루 1/2컵
바닐라 프로틴 파우더 1/2컵
에리스리톨 3/4컵
베이킹파우더 1/2작은술
녹인 가염 버터 8큰술
크림치즈 30g(상온)
달걀 1개(큰 것)
휘핑크림 1/4컵
바닐라 익스트랙 1/2작은술

1 큰 볼에 아몬드 가루, 바닐라 프로틴 파우더, 에리스리톨 1/2컵, 베이킹파우더, 버터 5큰술, 크림치즈, 달걀을 넣고 섞는다.

2 1을 냉장고에 20분간 보관한 뒤 꺼내 손에 물을 묻히고 반죽한다. 반죽을 12개로 나눠 동그랗게 빚어 적당한 팬에 담는다.

3 적당한 크기의 팬을 중간 불에 올리고 남은 버터, 에리스리톨을 녹인다. 색이 변할 때까지 버터를 졸이고 불을 줄인다. 여기에 휘핑크림, 바닐라 익스트랙을 넣고 불을 끈다. 걸쭉해질 때까지 젓는다.

4 3이 식을 동안 2를 에어 프라이어에 넣는다.

5 온도는 160℃, 시간은 6분으로 설정해 조리한다.

6 6분이 지나면 빵을 뒤집어서 4분 더 굽는다.

7 다 구워진 빵에 3을 붓고 2분 더 굽는다. 식힌 뒤 먹는다.

영양분(1인분)

칼로리	지방	단백질	탄수화물	식이섬유
322Kcal	24.5g	20.4g	33.7g	1.7g

시나몬 크림 슈

준비 시간 15분
조리 시간 6분

주말 오전 간식으로 완벽해요! 달콤한 빵에 단백질까지 추가됐고 시나몬 향에 맛은 배가되죠. 반죽에 코코아 가루 1큰술을 추가하면 초콜릿 맛도 난답니다.

재료 | 8인분, 1인분 1개

고운 아몬드 가루 1/2컵
바닐라 프로틴 파우더 1/2컵
에리스리톨 1/2컵
베이킹파우더 1/2작은술
달걀 1개(큰 것)
녹인 무염 버터 5큰술
크림치즈 55g
에리스리톨 파우더 1/4컵
시나몬 가루 1/4작은술
휘핑크림 2큰술
바닐라 익스트랙 1/2작은술

1 큰 볼에 아몬드 가루, 바닐라 프로틴 파우더, 에리스리톨, 베이킹파우더, 달걀, 버터를 넣고 잘 섞는다.

2 1을 냉장고에 20분간 넣었다가 꺼내서 손에 물을 묻혀 반죽한다. 반죽을 8개로 나눠 동그랗게 빚는다.

3 에어 프라이어에 종이 포일을 깔고 2를 넣고 온도는 190℃, 시간은 6분으로 설정해 조리한다.

4 조리 중간에 한 번 뒤집어 굽고 그대로 식힌다.

5 적당한 크기의 볼에 크림치즈, 에리스리톨 파우더, 시나몬 가루, 휘핑크림, 바닐라 익스트랙을 넣고 섞어 크림을 만든다(폭신해질 때까지 젓는다).

6 슈에 작은 구멍을 뚫고 5를 짜주머니에 담아 슈에 짜넣는다.

7 밀폐 용기에 담아 냉장 보관한다.

영양분(1인분)

칼로리	지방	단백질	탄수화물	식이섬유
178Kcal	12.1g	14.9g	22.1g	1.3g

가 ~ 다

가지 구이 ········· 103
가지 카프레제 ········· 231
고수, 라임 향이 가득한 연어 스테이크 ········· 200
고수 라임 치킨 구이 ········· 119
구운 마늘 ········· 91
구운 브로콜리 ········· 82
그리스풍 가지 구이 ········· 219
그리스풍 닭볶음 ········· 139
그린 빈 캐서롤 ········· 93
그린 토마토 튀김 ········· 108
꽃등심 스테이크 ········· 157
단백질 듬뿍, 바삭 피자 ········· 72
닭가슴살 파히타 ········· 120
대구 필렛 스테이크 ········· 203
대구 할라피뇨 콜슬로 타코 ········· 195
데리야키 치킨 윙 ········· 115
돼지고기 포블라노 구이 ········· 33
돼지 껍질 과자로 만든 나초 ········· 70
돼지 껍질 과자 토르티야 ········· 57
돼지 목살 샐러드 ········· 170

라 ~ 마

라자냐 캐서롤 ········· 166
라즈베리 데니시 ········· 261
랜치 드레싱을 넣어 구운 아몬드 ········· 76
레몬, 마늘 향이 가득한 새우 구이 ········· 176
레몬 타임 치킨 구이 ········· 116
레몬 향 가득 콜리플라워 구이 ········· 221
레몬 후추 시즈닝 닭다리 구이 ········· 117
마늘 버터 향 가득, 구운 무 ········· 83
마늘 주키니 호박 롤 ········· 225
마늘 파르메산 치즈 치킨 윙 ········· 55
매운맛 크랩 딥 소스 ········· 188
매콤한 버펄로 치킨 딥 소스 ········· 56
매콤한 시금치 & 방울 양배추 딥 소스 · 68
매콤한 연어 육포 ········· 199
멕시코풍 엠파나다 ········· 162
모차렐라 치즈 미트볼 ········· 79
모차렐라 치즈 스틱 ········· 64
모차렐라 피자 크러스트 ········· 69
미국 남부풍 닭튀김 ········· 132
미니 모카 치즈 케이크 ········· 241
미니 미트로프 ········· 144
미니 초콜릿 칩 쿠키 ········· 243
미니 치즈 케이크 ········· 240
미니 파프리카 파퍼 ········· 66

바

바나나 호두 케이크 ········· 27
바닐라 파운드케이크 ········· 256
바비큐 대왕 미트볼 ········· 173
바비큐 맛 버섯 구이 ········· 228
바비큐 폭립 ········· 155
바삭한 방울 양배추 구이 ········· 88
바삭한 브라트부르스트 ········· 146
버섯 햄버그스테이크 ········· 84
버펄로 소스 콜리플라워 ········· 92
버펄로 에그 컵 ········· 22
버펄로 치킨 치즈 스틱 ········· 134
버펄로 치킨 텐더 ········· 112
베이컨 구이 ········· 22
베이컨 달걀 치즈 말이 ········· 31
베이컨 브리 ········· 75
베이컨 양파 링 ········· 65
베이컨 치즈버거 맛 딥 소스 ········· 62
베이컨 치즈버거 캐서롤 ········· 150
베이컨 할라피뇨 치즈 브레드 ········· 58
베이컨 할라피뇨 파퍼 ········· 53
베이컨 핫도그 ········· 155
베지테리언 케사디야 ········· 209
붉은 게 다리 구이 ········· 188
브로콜리 볶음 ········· 220
브로콜리 크러스트 피자 ········· 223
블랙큰드 슈림프 ········· 178
블랙큰드 케이준 치킨 텐더 ········· 128
비프 타코 롤 ········· 163
빵 없는 시금치 치즈파이 ········· 231

사 ~ 아

삶은 달걀 ········· 23
새우 꼬치구이 ········· 205
소고기 브로콜리 볶음 ········· 160
소고기 안심 스테이크 ········· 164
소시지 크루아상 핫도그 ········· 159
수제 버거 ········· 152
슈림프 스캠피 ········· 192
스크램블드에그 ········· 23
시금치 페타 치즈 닭가슴살 구이 ········· 131

요리명으로 찾아보기

시금치 페타 치즈 치킨 볼 ··· 139
시나몬 돼지 껍질 과자 ··· 237
시나몬 브레드 ··· 39
시나몬 크림 슈 ··· 265
아마씨 모닝빵 ··· 96
아몬드 버터 쿠키 ··· 236
아몬드 치킨 구이 ··· 134
아몬드 페스토 연어 스테이크 ··· 196
아보카도 튀김 ··· 101
애호박 칩 ··· 90
연어 패티 ··· 185
연어 케이준 ··· 178
오이 피클 튀김 ··· 109
육포 ··· 71
이탈리아풍 달걀과 채소 구이 ··· 232
이탈리아풍 치킨 구이 ··· 141
이탈리아풍 피망 파퍼 ··· 149

자 ~ 차

주키니 호박 콜리플라워 프리터 ··· 227
참깨 참치 스테이크 ··· 198
참치 핑거 푸드 ··· 193
참치 호박 국수 캐서롤 ··· 191
채소를 곁들인 히카마 튀김 ··· 107
채소 볶음 ··· 215
채소 프리타타 ··· 35
초리조 소고기 햄버그스테이크 ··· 146
초콜릿 마요네즈 케이크 ··· 258
초콜릿 메이플 베이컨 ··· 255
치즈 가득 애호박 구이 ··· 211
치즈 달걀 피망 구이 ··· 47
치즈 듬뿍 애호박 국수 ··· 217
치즈 마늘빵 ··· 70
치즈 미트볼 ··· 44
치즈 케이크 브라우니 ··· 247
치즈 콜리플라워 볼 ··· 87
치즈 콜리플라워 해시브라운 ··· 26
치킨 엔칠라다 ··· 126
치킨 코르동블루 캐서롤 ··· 123
치킨 파히타 ··· 136
치킨 패티 ··· 137
치킨 피자 크러스트 ··· 127

카 ~ 타

칼조네 ··· 40
캐러멜 몽키 브레드 ··· 262
케일 칩 ··· 92
코코넛 머그 케이크 ··· 248
코코넛 슈림프 ··· 180
코코넛 치즈 마늘 비스킷 ··· 97
코코넛 플레이크 ··· 252
콜리플라워 구이 ··· 95
콜리플라워 스테이크 ··· 208
콜리플라워 아보카도 토스트 ··· 43
콜리플라워 캐서롤 ··· 36
콜리플라워 피자 크러스트 ··· 222
크랩 케이크 ··· 189
크림치즈를 올린 펌프킨 쿠키 ··· 251
크림치즈 파이 ··· 259
키슈 페퍼 ··· 229
톡 쏘는 새우 ··· 185

파 ~ 하

파르메산 치즈 치킨 구이 ··· 122
파르메산 치즈 허브 포카치아 ··· 106
파히타 스테이크 롤 ··· 169
팬케이크 ··· 29
펌프킨 스파이스 피칸 ··· 248
페퍼로니 치킨 피자 ··· 135
포일 랍스터 구이 ··· 187
포일 연어 구이 ··· 179
포크촙 ··· 156
포크촙 튀김 ··· 165
포토벨로 미니 피자 ··· 212
풀드포크 ··· 153
프로슈토와 아스파라거스 ··· 50
프로틴 도넛(먼치킨) ··· 244
플랫 브레드 ··· 99
피넛버터 쿠키 ··· 253
피망 타코 ··· 148
피시 핑거 ··· 182
피자 롤 ··· 61
피칸 브라우니 ··· 239
피타 브레드 칩 ··· 102
할라피뇨 파퍼 해슬백 치킨 ··· 125
햄 에그 컵 ··· 21
호박 머핀 ··· 24
훈제 BBQ 아몬드 ··· 76
히카마 튀김 ··· 105
할라피뇨 파퍼 에그 컵 ··· 20